9

Band 18 · September 1982

isotopenpraxis

AKADEMIE-VERLAG

ISSN 0021–1915 Isotopenpraxis, Berlin 18 (1982) 9, 313–348

EVP 9,– M 32036

An unsere Autoren

Die Zeitschrift veröffentlicht Beiträge zu folgenden Themen: Kontrolle und Analyse radioaktiver und stabiler Isotope, Anwendung radioaktiver und stabiler Isotope in allen Gebieten der Forschung und Technik der Industrie, Landwirtschaft und Medizin, Herstellung radioaktiver und stabiler Isotope sowie von markierten Verbindungen, kernelektronische Geräte für die Isotopenanwendung (Dickenmesser, Dichtemesser u. ä.) Detektoren für isotopentechnische Arbeiten und den Strahlenschutz in Isotopenlaboratorien, Meßtechnik und Strahlenschutz, Dosimetrie in Isotopenlaboratorien, kerntechnische Geräte für die Isotopenanwendung (Beton, Bestrahlungsanlagen u. ä.), Strahlenchemie, Radiochemie, ökonomische und perspektivische Fragen, Fragen der Weiterbildung.

1. Aufnahme von Manuskripten

Zur Veröffentlichung angenommen werden nur druckreife, noch nicht anderweitig publizierte Beiträge in deutscher, englischer oder russischer Sprache zum Themenbereich der Zeitschrift und zwar

Originalarbeiten
Kurze Originalmitteilungen
Aus der Praxis
Zusammenfassende Berichte
Tagungsberichte
Informationen.

Sind der Beitrag oder Teile daraus bereits veröffentlicht oder ist eine anderweitige Veröffentlichung vorgesehen, so muß dies der Redaktion mit genauer Angabe der Zweitveröffentlichung mitgeteilt werden. Mit der Annahme des Manuskriptes behält sich der Verlag das Recht der Vervielfältigung, Verbreitung und Übersetzung innerhalb der gesetzlichen Schutzfrist vor. Auszugsweiser Nachdruck oder photomechanische u. a. Wiedergabe sind an eine schriftliche Genehmigung des Verlages gebunden. Manuskripte, Zeichnungen und Photos von veröffentlichten Arbeiten werden nur auf den besonderen und bis zum Zeitpunkt der Veröffentlichung mitgeteilten Wunsch des Autors zurückgesandt.

Bei der unverlangten Einreichung von Manuskripten wird empfohlen, eine Befürwortung eines der Herausgeber oder Redaktionsausschußmitglieder beizufügen.

Manuskripte sind einzureichen bei der Redaktion, DDR-1086 Berlin, Leipziger Str. 3–4.

2. Form der Manuskripte

Die Autoren werden gebeten:

2 Manuskripte, eines davon in Original-Maschinenschrift, einseitig und mit 2zeiligem Abstand einzureichen; gut leserliche Photokopien sind zulässig; auf dem 1. Blatt (unter Weglassung der Bezeichnung)

den Titel der Arbeit
Vorname-Initialen und Namen sämtlicher Autoren
gegebenenfalls die Institution, in der sie tätig sind
eine kurze Zusammenfassung der Arbeit von höchstens 15 Zeilen
Keywords in alphabetischer Reihenfolge und
als Fußnote die Anschrift der Institution anzugeben;

wenn möglich auf gesonderten Blättern Namen, Titel der Arbeit und Zusammenfassung in den beiden anderen obengenannten Sprachen 2fach beizufügen;

Literaturhinweise (fortlaufend numeriert), Fußnoten, Tabellen, Abbildungen (in 2–3facher Veröffentlichungsgröße), Abbildungsunterschriften (getrennt von den Abbildungen, mit Zeichenerklärungen, Quellenangaben, falls erforderlich, und gegebenenfalls mit einem Vermerk für besondere Wünsche bezüglich der Abbildungsgröße), private und Dienstanschrift der Verfasser mit akademischen Titeln und ausgeschriebenen Vornamen auf besonderen Blättern ans Ende des Manuskriptes zu stellen;

Wünsche für den Kolumnentitel (Seitenüberschrift) bekanntzugeben;

Absätze durch Einzüge von mindestens 3 Anschlägen kenntlich zu machen; die Maßeinheiten des SI-Systems ("Systéme International") zu verwenden; Korrekturen im Manuskript unmittelbar an der zu korrigierenden Stelle anzubringen;

Formeln deutlich lesbar und möglichst groß einzutragen;

Farbabbildungen und nachträgliche Änderungen oder Ergänzungen in Abbildungen zu vermeiden;

hervorzuhebende Textstellen zu unterstreichen, und zwar halbfetten Satz mit einer geraden schwarzen Linie, kursiven Satz (Schrägschrift) mit einer blauen Wellenlinie (alle Eigennamen). Sperrungen gestrichelt;

besondere Buchstaben durch farbige Unterstreichung zu kennzeichnen, und zwar Formelzeichen in

Griechisch-Kursiv ($\alpha, \beta, \ldots$) rot,
Kursiv ($A, B, \ldots$) blau
halbfetter Kursiv ($\boldsymbol{A}, \boldsymbol{B}, \ldots$) 2 Linien blau (Vektoren),
halbfetter Grotesk (**A**, **B**, ...) 2 Linien violett (Tensoren);

bei Literaturangaben auf Vollständigkeit zu achten. In nachstehender Reihenfolge müssen angegeben sein:

a) bei *Zeitschriften*: Vorname-Initialen und Namen sämtlicher Autoren Titel der Zeitschrift (nach ,,Periodica Chimica" oder möglichst wenig gekürzt), Bandnummer (unterstrichen), Jahreszahl (in Klammern), Heftnummer (nur bei Zeitschriften, die jedes Heft mit S. 1 beginnen) sowie die Seitenzahl, auf der die zitierte Arbeit beginnt.

b) bei *Büchern*: Initialen der Vornamen und Name des Autors (Herausgeber werden durch den Zusatz ,,ed." gekennzeichnet), voll ausgeschriebener Titel des Buches in der Originalsprache, evtl. Bandnummer, voll ausgeschriebener Name des Verlages, Nummer der Auflage (außer der ersten), Erscheinungsort(e), Erscheinungsjahr (hier nicht in Klammern setzen!) und evtl. Kapitelnummer, Seitenzahl u. ä.

c) bei *Sammelbänden, Tagungsberichten*: Es soll zusätzlich der Titel des zitierten Beitrags angegeben werden. Die Seitenzahl muß unbedingt angegeben werden. Aus dem Zitat muß hervorgehen, ob es sich um einen Tagungssammelband oder um einen noch nicht veröffentlichten Vortrag handelt. Zwischen Tagungsort und Erscheinungsort des entsprechenden Tagungsberichts ist zu unterscheiden.

3. Korrekturen

Der Autor erhält zwei Umbruchabzüge, von denen einer möglichst schnell korrigiert an die Redaktion zurückgereicht werden soll. Auf Wunsch des Autors kann die Korrektur auch von der Redaktion gelesen werden.

Durch nachträgliche Manuskriptänderungen verursachte Korrekturkosten gehen, sofern sie 10% der Satzkosten übersteigen zu Lasten des Autors.

Der Autor erhält 50 Sonderdrucke kostenlos. Weitere Sonderdrucke können bis zur Rückgabe der Korrekturabzüge auf Kosten des Autors bei der Redaktion bestellt werden.

Bezugsmöglichkeiten

Bestellungen sind zu richten

- **in der DDR** an den Postzeitungsvertrieb unter Angabe der Kundennummer des Bestellenden oder an den AKADEMIE-VERLAG, DDR-1086 Berlin, Leipziger Straße 3–4, PF-Nr. 1233
- **im sozialistischen Ausland** an eine Buchhandlung für fremdsprachige Literatur oder an den zuständigen Postzeitungsvertrieb
- **in der BRD und Berlin(West)** an eine Buchhandlung oder an die Auslieferungsstelle KUNST UND WISSEN, Erich Bieber OHG, D-7000 Stuttgart 1, Wilhelmstraße 4–6
- **in den übrigen westeuropäischen Ländern** an eine Buchhandlung oder an die Auslieferungsstelle KUNST UND WISSEN, Erich Bieber GmbH, CH-8008 Zürich, Dufourstraße 51
- **im übrigen Ausland** an den Internationalen Buch- und Zeitschriftenhandel; den Buchexport, Volkseigener Außenhandelsbetrieb der Deutschen Demokratischen Republik, DDR-7010 Leipzig, Postfach 160; oder an den AKADEMIE-VERLAG, DDR-1086 Berlin, Leipziger Straße 3–4

Zeitschrift ,,Isotopenpraxis"

Herausgeber: Im Auftrag des Akademie-Verlages herausgegeben von Prof. Dr. Justus Mühlenpfordt
Verlag: Akademie-Verlag, DDR-1086 Berlin, Leipziger Straße 3–4; Fernruf: 2236221 oder 2236229; Telex-Nr.: 114420;
Bank: Staatsbank der DDR, Berlin, Kto.-Nr.: 6836-26-20712
Verantwortlich für den Inhalt des Heftes: Prof. Dr. H. Hübner, Leipzig
Anschrift der Redaktion (Fernruf Frau H. Schier: 6351177) der Zeitschrift Isotopenpraxis: Akademie-Verlag, DDR-1086 Berlin, Leipziger Str. 3–4, PF-Nr. 1233
Veröffentlicht unter der Lizenznummer 1527 des Presseamtes beim Vorsitzenden des Ministerrates der Deutschen Demokratischen Republik
Gesamtherstellung: VEB Druckerei ,,Thomas Müntzer", DDR-5820 Bad Langensalza
Erscheinungsweise: Die Zeitschrift ,,Isotopenpraxis" erscheint monatlich, Die 12 Hefte eines Jahrganges bilden einen Band. Bezugspreis je Band 180,– M zuzüglich Versandspesen (Preis für die DDR 108,– M) Preis je Heft 15,– (Preis für die DDR 9,– M)
Bestellnummer dieses Heftes: 1079/18/9

AN (EDV) 12831

ISOTOPENPRAXIS

Band 18 (1982) Heft 9, S. 313–348

Redaktion und Verlag: Akademie-Verlag, Redaktion Isotopenpraxis, 1086 Berlin, Leipziger Straße 3–4

Inhaltsverzeichnis

Contents

Die erhaltenen Ergebnisse können bei der Konstruktion von radiometrischen Meßgeräten zur digitalen Datenverarbeitung und bei der Konstruktion von nichtlinearen Filtern genutzt werden.

L. Gonsiorowski, T. Kwasniewski

Analyse der stochastischen Eigenschaften für aktive Filter zweiter Ordnung (*in Russisch*)

Isotopenpraxis 18 (1982) H. 9, S. 328 bis 331
6 Abb., 1 Tab., 3 Lit.

Es wird die Anwendbarkeit träger aktiver Filter zweiter Ordnung zum Aussieben zufälliger Signale in kontinuierlich arbeitenden radiometrischen Meßgeräten analysiert.
Für Filter mit normierter Ansprechzeit T wird die Abhängigkeit der Varianz und der Fluktuationsfrequenz eines stationären Ausgangssignals vom Rückkopplungsfaktor k untersucht. Es wird gezeigt, daß die Varianz und die Fluktuationsfrequenz für Filter mit dem Faktor $k = 0{,}5 + 0{,}7$ ein Minimum haben. Die Fluktuationsfrequenz verringert sich in diesem Fall etwa um das 5fache im Vergleich zum Filter mit $k = 0$.
Die erhaltenen Ergebnisse können bei der Konstruktion von radiometrischen Meßgeräten verwendet werden.

P. Kleinert, G. Endert, E. Penzel, E. Preu

Optimierung der Darstellung von ^{111}In-Oxinat zur Markierung von Thrombozyten und Leukozyten

Isotopenpraxis 18 (1982) H. 9, S. 332 bis 334
2 Abb., 1 Tab., 16 Lit.

Bei der Darstellung von In-Oxinat aus Indiumchlorid und 8-Hydroxychinolin kann es bei Anwesenheit geringster Mengen von Schwermetallverunreinigungen ($>2 \times 10^{-9}$ g) zu einer kompetitiven Hemmung der Oxinat-Bildung kommen. Die dadurch erforderliche Erhöhung der Oxinmenge führt zu einer abnehmenden Stabilität der damit markierten Thrombozyten bzw. Leukozyten. Es wird eine optimierte Methode zur Reinigung des Indiumchlorids mittels Ionenaustauscherchromatographie beschrieben, die eine Abtrennung aller störenden Fremdionen bei einem minimalen zeitlichen und apparativen Aufwand ermöglicht.

M. Kalinčák, V. Machán̆, Š. Vilček

Mit ^{99m}Tc markierte Verbindungen, hergestellt mit Hilfe von Ti(III) als Reduktionsmittel (*in Englisch*)

Isotopenpraxis 18 (1982) H. 9, S. 334 bis 338
2 Abb., 3 Tab., 12 Lit.

Bei der Herstellung von mit ^{99m}Tc markierten Verbindungen ist es möglich, $TiCl_3$ statt $SnCl_2$ zu verwenden. In den meisten Fällen verändert diese Substitution jedoch die Bioverteilungs-Parameter. Mit diesen Präparaten erfolgt die Blutreinigung langsamer, da sie in größerem Umfang in den Knochen gespeichert werden. Die Knochendiagnostik zeigt den umgekehrten Fall (HEDSPA und Pyrophosphat). Diese Tatsache macht sich beim ^{99m}Tc-Ti-Gluconat bemerkbar, das seinerseits durch die bedeutende Speicherung in den Knochen den Charakter eines Nierenwirkstoffes verliert. Vom Standpunkt der Diagnose weisen die mit ^{99m}Tc markierten Verbindungen gegenüber den mit Hilfe von Zinndichlorid hergestellten schlechtere Parameter auf. Die Herstellung von technetiummarkierten Verbindungen bedingt eine inerte Stickstoffatmosphäre. Die Zeitstabilität dieser Präparate ist über einen Zeitraum von 24 Stunden insgesamt gut.

V. Rößiger

Dickenmessung von Chromüberzügen mit Hilfe der Röntgenfluoreszenzanalyse

Isotopenpraxis 18 (1982) H. 9, S. 338 bis 341
5 Abb., 1 Tab., 6 Lit.

Es wird ein Verfahren zur Messung von Chromschichten (ca. 0,1 ... 2 µm dick) auf beliebigen Unterlagen dargestellt, das auf der Grundlage der Röntgenfluoreszenzanregung mit der Mn-K-Strahlung einer radioaktiven ^{55}Fe-Quelle arbeitet. Zur Kalibrierung dieser einfachen und schnellen Methode benötigt man aber Standardfolien, deren Dicke mit Hilfe der Röntgenfluoreszenzanalyse unter Verwendung einer Röntgenröhre ermittelt wird.

W. Moritz, K.-H. Heckner

Eine neue Anordnung für radiochemische Spurenkorrosionsmessungen und ihre Anwendung zur Untersuchung des Korrosionsverhaltens thermisch präparierter Iridiumelektroden

The results of analysis may be used for designing of radiometrical measuring systems based on digital elaboration of signals as well as for designing of non-linear filters.

L. Gonsyorovsky, T. Kvasneyevsky

Analysis of Stochastical Properties of Second Order Active Filters (*in Russian*)

Isotopenpraxis 18 (1982) No. 9, p. 328 to 331
6 Fig., 1 Tab., 3 Ref.

Feasibility of second order active filter for smoothing of stochastic processes specific for radiometric measuring systems is analysed. For filter with standardised response time T variance and frequency of fluctuations as a function of feed-back coefficient k is defined. For filters with $k = 0{,}5 + 0{,}7$ minimum of variance and frequency of fluctuations is observed. In this case frequency of fluctuations is reduced approximately 5 times with reference to frequency appearing when filter with $k = 0$ is applied.
The results of analysis may be used for designing of radiometric instruments.

P. Kleinert, G. Endert, E. Penzel, E. Preu

Optimization of the Preparation of ^{111}In Oxinate for Labelling Thrombocytes and Leucocytes

Isotopenpraxis 18 (1982) No. 9, p. 332 to 334
2 Fig., 1 Tab., 16 Ref.

When preparing indium oxinate from indium chloride and 8-hydroxyquinoline (oxine), the presence of smallest amounts of heavy-metal impurities (less than $2 \cdot 10^{-9}$ g) may lead to a competitive inhibition of oxinate formation. The thus required increased quantity of oxine causes decreasing stability of labelled thrombocytes and leucocytes. An optimized method of cleaning the indium chloride by means of ion-exchange chromatography, which renders possible the separation of any disturbing foreign ions with minimum instrumental and time expenditure, is described.

M. Kalinčák, V. Machán̆, Š. Vilček

^{99m}Tc-Labelled Compounds Prepared with Ti(III) as Reducing Agent (*in English*)

Isotopenpraxis 18 (1982) No. 9, p. 334 to 338
2 Fig., 3 Tab., 12 Ref.

In preparation of ^{99m}Tc-labelled compounds it is possible to use $TiCl_3$ instead of $SnCl_2$; in most cases, however, this substitution changes the biodistribution parameters. The preparations have then a slower blood clearence, being cumulated in bones in larger amounts; bone diagnostics (HEDSPA and pyrophosphate) are opposite cases. This fact makes itself felt in ^{99m}Tc-Ti-gluconate which, in its turn, loses the character of kidney agent cumulating, in a marked way, in bones. From diagnostic point of view, the ^{99m}Tc-Ti-labelled compounds possess, in most cases, worse parameters as compared with those prepared by means of tin dichloride. Preparation of technetium-labelled compounds requires inert nitrogen atmosphere. Time stability of these preparations within 24 hours is good a whole.

V. Roeßiger

Measurement of Chromium Layers Utilizing X-Ray Fluorescence Analysis

Isotopenpraxis 18 (1982) No. 9, p. 338 to 341
5 Fig., 1 Tab., 6 Ref.

This paper deals with a method for determining the thickness of chromium layers (about 0.1 – 2 µm) on different backings.
The X-ray fluorescence of chromium is excited by the Mn-K_β radiation emitted from a radioactive ^{55}Fe-source. This simple and rapid technique is calibrated by means of standard chromium foils which have been gaged by X-ray fluorescence analysis using an X-ray tube.

W. Moritz, K.-H. Heckner

A New Equipment for the Radiochemical Investigation of Corrosion and Application for the Measurement of the Corrosion of Thermal Prepared Iridium Electrodes

Untersuchungen zur Kinetik der Extraktion von Technetium und Palladium aus salpetersauren Lösungen mit Tri-n-octylamin in Tetrachlorkohlenstoff

M. Richter, E. Meinhold

(Akademie der Wissenschaften der DDR, Zentralinstitut für Isotopen- und Strahlenforschung Leipzig)[1]

Auf der Basis der Extraktion mit Tri-n-octylamin wurde ein Verfahren zur Gewinnung der Spaltprodukte Technetium und Palladium entwickelt. Die kinetischen Untersuchungen in einer Rührzelle mit ruhender Phasengrenzfläche zeigen, daß die Technetiumextraktion ohne technologische Schwierigkeiten in technischen Extraktoren erfolgen kann. Bei der Palladiumextraktion treten hohe Grenzflächenwiderstände auf, deren negativer Einfluß auf die Kinetik durch eine intensive Grenzflächenerneuerung beseitigt wird.

Keywords

extraction apparatuses; kinetics; palladium isotopes; purex process; technetium isotopes

In der Abfallösung, die bei der Wiederaufbereitung von Kernbrennstoff im Rahmen des Purex-Prozesses entsteht, befindet sich eine Reihe von Spaltprodukten, deren Rückgewinnung von volkswirtschaftlichem Nutzen ist [1, 2]. Besonderes Interesse haben dabei unter anderem die Elemente Technetium und Palladium, welche nur eine geringe Radioaktivität besitzen, so daß ihre Anwendung in konventionellen technischen Bereichen möglich ist. Von uns wurden deshalb die Grundlagen eines Extraktionsverfahrens entwickelt, welches die Gewinnung der beiden Elemente ermöglicht [3]. Ausgangsprodukt ist die Abfallösung des ersten Zyklus des Purex-Prozesses, deren Salpetersäurekonzentration etwa 3 mol/l beträgt. Aus dieser Lösung werden durch Extraktion mit Tri-n-octylamin, welches in Tetrachlorkohlenstoff gelöst ist, Technetium und Palladium mit hoher Selektivität zu den übrigen Spaltprodukten abgetrennt. Anschließend erfolgt eine selektive Reextraktion des Palladiums und danach die Technetium-Reextraktion.

Die Extraktionsprozesse sind dadurch gekennzeichnet, daß neben dem physikalischen Stofftransport chemische Reaktionen stattfinden, deren Kinetik die Extraktionsgeschwindigkeit wesentlich beeinflussen kann. Auch bei Vergrößerung der spezifischen Phasengrenzfläche oder bei Erhöhung der Turbulenz bleibt der Reaktionsanteil konstant. Die chemische Reaktionskinetik legt deshalb die zeitlichen Grenzbedingungen für den Extraktionsprozeß fest, das heißt, sie spielt eine wichtige Rolle bei der Auswahl des Extraktortyps und der Festlegung der Betriebsbedingungen.

Um den Einfluß der chemischen Kinetik auf die Gesamtkinetik quantitativ erfassen zu können, wurden Untersuchungen der verschiedenen Extraktionsprozesse des Trennverfahrens in einer Rührzelle mit ebener Phasengrenzfläche vorgenommen. Die Auswertung der Experimente erfolgte an Hand von asymptotischen Lösungen, welche aus theoretischen Arbeiten zum Stoffübergang mit chemischer Reaktion abgeleitet wurden. Der Aufbau der Zelle und die theoretischen Ableitungen wurden bereits früher dargestellt [4].

Um den reaktionskinetischen Anteil aus dem experimentell ermittelten Gesamtstoffübergangskoeffizienten abschätzen zu können, muß der physikalische Stofftransportkoeffizient (β_D) berechnet werden. Für die von uns angewandte kinetische Rührzelle gilt dabei die folgende Beziehung [4]:

$$\frac{60\beta_{1D}}{\nu} = 4{,}18 \cdot 10^{-2}\,(Sc)^{-0{,}37}\,Re_1^{0{,}9}\left(1 + \frac{\eta_2}{\eta_1}\frac{Re_2}{Re_1}\right) \quad (1)$$

$\frac{60\beta_{1D}}{\nu_1}$ hat die Dimension cm^{-1}.

ν ist die kinematische Zähigkeit

η die dynamische Zähigkeit und

$Re = \frac{L^2 \cdot n}{\nu}$ die Rührer-*Reynold*-Zahl

(L = Rührerdurchmesser, n = Drehzahl)

Die *Schmidt*-Zahl $\left(Sc = \frac{\nu}{D}\right)$ enthält den molekularen Diffusionskoeffizienten der übergehenden Komponente in der jeweiligen Phase. Dieser Wert mußte insbesondere für die organische Phase experimentell bestimmt werden. Das gleiche gilt für die Viskositätswerte, welche mit einem *Hoeppler*-Viskosimeter bestimmt wurden.

Untersuchung der molekularen Diffusion

Für die Bestimmung der Diffusionskoeffizienten wurde eine Diaphragmazelle aufgebaut (Abb. 1). Als Diaphragma dient eine poröse Glasfilterplatte. Die Rührung in beiden Kammern muß so intensiv sein, daß im Inneren kein Konzentrationsgradient und an der Diaphragmaoberfläche kein Filmwiderstand auftritt. Die gesamte Zelle befindet sich in einem Thermostatenbad. Die Messung erfolgt so, daß in eine Kammer die Lösung mit der Komponente, deren Diffusion untersucht werden soll, eingebracht wird, während die zweite Kammer das reine Lösungsmittel enthält. Es ist darauf zu achten, daß alle Poren des Diaphragmas mit Flüssigkeit gefüllt sind, da Lufteinschlüsse das Meßergebnis verfälschen.

Nach dem Einschalten der Rührer wird die Konzentrationsänderung in jeder Kammer als Funktion der Zeit gemessen.

Die Auswertung erfolgt mit der Beziehung

$$D = \alpha \cdot \frac{\ln \Delta c_1 - \ln \Delta c_2}{t_2 - t_1} \quad (2)$$

[1]) Anschrift: 7050 Leipzig, Permoserstraße 15

wobei Δc_1 und Δc_2 die Konzentrationsdifferenzen beider Kammern zur Zeit t_1 und t_2 sind.

α ist die Zellkonstante, welche durch Eichung mit einem Stoffsystem, dessen Diffusionskoeffizienten bekannt ist, bestimmt wird. Für die Eichung wurden wäßrige Lösungen von NaCl und KCl benutzt.

Abb. 2 zeigt eine typische Konzentrations-Zeit-Kurve. Aus den Messungen mit den Testsystemen ergab sich α zu 0,3761 cm². Alle Messungen erfolgten bei einer Temperatur von 20 °C.

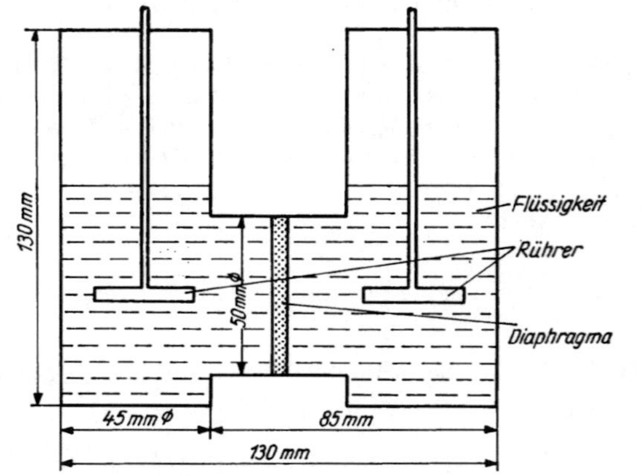

Abb. 1. Diaphragmazelle zur Bestimmung von Diffusionskoeffizienten

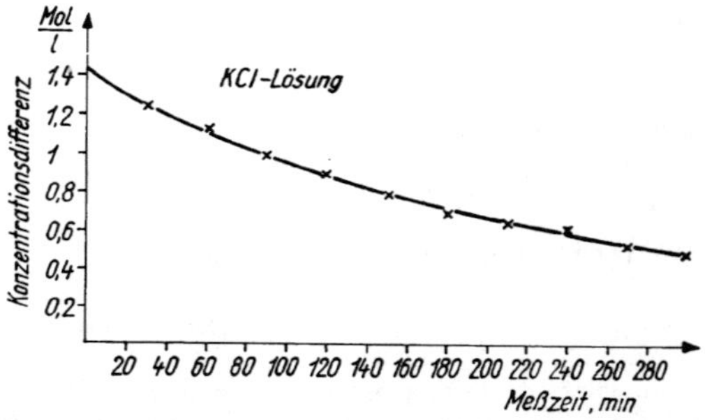

Abb. 2. Konzentrations-Zeit-Kurve einer Messung zur Bestimmung des Diffusionskoeffizienten (wäßrige KCl-Lösung, D = 1,745 · 10⁻⁵ cm²/s)

Messung der Extraktionskinetik

Für die Untersuchungen der Extraktionskinetik wurde Tri-n-octylamin (TOA) mit einer Reinheit größer 95% ohne weitere Reinigung in Tetrachlorkohlenstoff gelöst. Danach wurde die organische Phase mit dem gleichen Volumen Salpetersäure, deren Konzentration der wäßrigen Phase entsprach, bis zur Gleichgewichtseinstellung geschüttelt und nach der Phasentrennung in die gut gereinigte Rührzelle gefüllt. Anschließend wurde die wäßrige Phase vorsichtig überschichtet. Diese enthielt Salpetersäure und die übergehenden Komponenten in unterschiedlichen Konzentrationen. Technetium wurde in Form von NH_4TcO_4 und Palladium als $Pd(NO_3)_2$ zugegeben. Die beiden Komponenten wurden mit ^{99m}Tc und ^{103}Pd getracert. Nach dem Überschichten werden beide Phasen mit konstanter Drehzahl gerührt. Die Drehzahl wurde so niedrig gewählt, daß die Phasengrenze nicht gestört wurde. Von Zeit zu Zeit wurden aus beiden Phasen Proben entnommen und die Konzentration radiometrisch bestimmt. Der Logarithmus des Konzentrationsverhältnisses $\frac{c(\infty) - c(o)}{c(\infty) - c(t)}$ wurde gegenüber der Zeit aufgetragen. Aus den Kurven ergibt sich der Gesamtstoffübergangskoeffizient K zu [4]:

$$K = \frac{V}{A \cdot t} \cdot \frac{m}{m+1} \ln \frac{c(\infty) - c(o)}{c(\infty) - c(t)} \tag{3}$$

V ist das Volumen einer Phase,
A die Phasenkontaktfläche und
m der Verteilungskoeffizient.
$c(\infty)$ ist die Gleichgewichtskonzentration und $c(o)$ die Anfangskonzentration.

Versuchsergebnisse und Diskussion

a) *Diffusion*

Die Diffusionskoeffizienten von Palladium und Technetium in der wäßrigen Phase lagen im Bereich von 1,5/bis $1{,}8 \cdot 10^{-5}$ cm²/s. Sie liegen im gleichen Bereich wie die Werte der meisten anderen Elektrolyte in wäßrigen Lösungen. Die geringen Unterschiede bewirken keine nennenswerte Änderung des physikalischen Stofftransportkoeffizienten β_D.

In der organischen Phase treten jedoch größere Unterschiede auf, die bei der Berechnung von β_D berücksichtigt werden müssen. Die Werte für Dichte, Zähigkeit und Diffusionskoeffizienten der organischen Phase sind in Tab. 1 zusammengestellt. Die Technetiumdiffusion erfolgt langsamer als die Palladiumdiffusion. Das deutet darauf hin, daß die Technetiumverbindungen in der organischen Phase in Form größerer Assoziate vorliegen. Auch die Ergebnisse der Technetiumverteilungsuntersuchungen deuten auf das Vorhandensein derartiger Assoziate hin.

b) *Extraktionskinetik von Technetium*

Abb. 3 enthält die kinetischen Kurven der Technetiumextraktion mit TOA bei verschiedenen Konzentrationen. In allen Fällen ergibt sich bei der halblogarithmischen Darstellung eine Gerade. Daran ist zu erkennen, daß in den

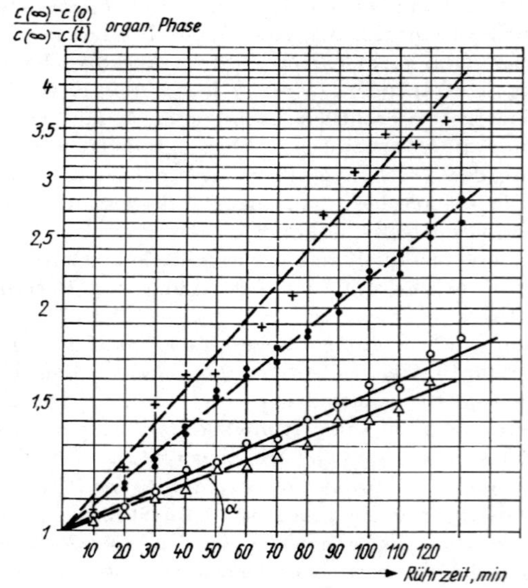

Abb. 3. Extraktionskinetik von Technetium

	TOA-Konz.	HNO_3-Konz.
—— o ——	0,5 M	3 M
– – + – –	0,5 M	0,5 M
—— Δ ——	0,1 M	3 M
– – • – –	0,1 M	0,5 M (mehrfach gemessen)

Tab. 1. Zähigkeit, Dichte und Diffusionskoeffizienten in der organischen Phase der untersuchten Extraktionssysteme

System	Zähigkeit dyn. cP η	kinemat. ν $\frac{cm^2}{min}$	Dichte ϱ $\frac{g}{cm^3}$	Diffusionskoeffizient bei 20 °C $D_{Tc}, \frac{cm^2}{s}$	$D_{Pd}, \frac{cm^2}{s}$
0,5 M TOA/Tetra	1,54	0,65	1,42	$7{,}9 \cdot 10^{-6}$	$1{,}57 \cdot 10^{-5}$
0,1 M TOA/Tetra	1,15	0,44	1,56	$1{,}06 \cdot 10^{-5}$	$2{,}09 \cdot 10^{-5}$

Tab. 2. Kinetik der Technetiumextraktion mit TOA

TOA-Konz. mol/l	HNO_3-Konz. mol/l	m	K_w $\frac{cm}{min}$	$\frac{1}{K_w}$ $\frac{min}{cm}$	$\frac{1}{m\beta_{oD}}$ $\frac{min}{cm}$	$\frac{1}{\beta_w}$ $\frac{min}{cm}$	$\frac{1}{\beta_{wD}}$ $\frac{min}{cm}$	$\frac{1}{\beta_R}$ $\frac{min}{cm}$
0,5	3	17,3	$5{,}2 \cdot 10^{-2}$	19,2	0,85	18,4	8,26	10,13
0,5	0,5	1150	$1{,}33 \cdot 10^{-1}$	7,5	0,01	7,5	8,06	—
0,1	3	2,3	$3{,}13 \cdot 10^{-2}$	32,0	5,4	26,6	7,81	18,8
0,1	0,5	68	$9{,}4 \cdot 10^{-2}$	10,6	0,18	10,4	7,51	2,89

untersuchten Konzentrationsbereichen die Voraussetzung eines konstanten Verteilungskoeffizienten und eines konstanten Stoffübergangskoeffizienten hinreichend gut erfüllt ist. Die aus den Kurven berechneten Werte für den auf die wäßrige Phase bezogenen Gesamtstoffübergangskoeffizienten K_w sind in Tab. 2 zusammengestellt. Der Verteilungskoeffizient m wurde jeweils im Anschluß an die kinetischen Messungen durch intensive Vermischung des Zweiphasensystems bis zur Gleichgewichtseinstellung ermittelt.

Mit Hilfe von Gleichung (1) wurden die physikalischen Stofftransportkoeffizienten der organischen (β_{oD}) und der wäßrigen Phase (β_{wD}) unter Benutzung der Werte aus Tab. 1 berechnet. Die weitere Auswertung der Versuche erfolgte unter der Annahme, daß der Grenzfall einer langsamen chemischen Reaktion gilt, wobei diese Reaktion an der Grenzfläche oder im Inneren der wäßrigen Phase abläuft. In diesem Fall gilt [4]:

$$\frac{1}{K_w} = \frac{1}{\beta_w} + \frac{1}{m\beta_{oD}} \tag{4}$$

und

$$\frac{1}{\beta_w} = \frac{1}{\beta_{wD}} + \frac{1}{\beta_R} \tag{5}$$

Mit Hilfe der Gleichungen (4) und (5) ist es also möglich, den Reaktionsanteil $\left(\frac{1}{\beta_R}\right)$ am Gesamtstoffübergangswiderstand $\left(\frac{1}{K_w}\right)$ festzustellen.

Die Ergebnisse der auf diese Art und Weise durchgeführten Auswertung sind ebenfalls in Tab. 2 enthalten. Betrachtet man die Werte kritisch, so erkennt man, daß die Annahme der Gültigkeit des Grenzfalls einer langsamen Reaktion nicht korrekt ist. Bei einer Säurekonzentration von 0,5 mol/l und einer Aminkonzentration von 0,5 mol/l ist beispielsweise der Reaktionswiderstand der wäßrigen Phase kleiner als der physikalische Transportwiderstand. Das deutet darauf hin, daß man näher am Grenzfall einer schnellen Reaktion liegt. Dieser Grenzfall ist erreicht, wenn die Beziehung $\frac{1}{\beta_w} \ll \frac{1}{\beta_{wD}}$ erfüllt ist. Bei den anderen Konzentrationen in Tab. 2 ist zwar $\frac{1}{\beta_w} > \frac{1}{\beta_w}, \frac{1}{\beta_R}$ und $\frac{1}{\beta_{wD}}$ haben aber die gleiche Größenordnung, so daß der Grenzfall der langsamen Reaktion nicht erreicht wird.

Um den vorliegenden Übergangsbereich zu analysieren, werden eine Reaktionszeit t_R und eine Diffusionszeit t_D definiert. t_D charakterisiert die Zeit, welche ein Volumenelement an der Phasengrenzfläche verweilt, wobei ein Stofftransport durch molekulare Diffusion stattfindet:

$$t_D \approx \frac{D_w}{\beta_{wD}^2} \tag{6}$$

Die Reaktionszeit t_R ist die Zeit, während der die Konzentration der reagierenden Komponente auf den $1/e$-ten Teil absinkt. Für eine Reaktion erster Ordnung bezüglich der übergehenden Komponente gilt

$$t_R \approx \frac{1}{\varkappa} \tag{7}$$

wobei die Reaktionskonstante $\varkappa$ von den Konzentrationen der übrigen Reaktionspartner abhängen kann.

Das vorliegende Übergangsgebiet ist dadurch charakterisiert, daß beide Zeiten in der gleichen Größenordnung liegen. Durch Vergleich von t_R und t_D läßt sich die Konstante $\varkappa$ mit Hilfe der Beziehungen (6) und (7) abschätzen. Damit kann die durch die chemische Reaktionsgeschwindigkeit bedingte Mindesteinstellzeit t_E in einem technischen Extraktor abgeschätzt werden, die eingehalten werden muß, um 90% des Gleichgewichtswertes zu erreichen. Sie beträgt beim Phasenverhältnis 1:1:

$$t_E = \frac{1}{\varkappa} \frac{m}{m+1} \ln\left(\frac{m}{0{,}1}\right) \tag{8}$$

Für den Fall einer TOA-Konzentration von 0,5 mol/l und einer Salpetersäurekonzentration von 3 mol/l gilt zum Beispiel $t_{R_1} \approx t_D$. Auf Grund von Gleichung (6) folgt mit $D \approx 10^{-3}$ cm²/min und $\beta_{wD} = 0{,}121$ cm/min $t_D = 0{,}068$ min. Setzt man diesen Wert gleich t_R, so folgt aus (7) $\varkappa = \frac{1}{t_R} \approx 14{,}6$ min⁻¹.

Die Mindesteinstellzeit, die sich damit aus Gleichung (8) berechnet ($m = 17{,}3$), beträgt dann $t_E = 0{,}33$ min. Die Extraktion kann damit beispielsweise in konventionellen Mixer-Settler-Extraktoren erfolgen, ohne daß bezüglich der Reaktionskinetik Schwierigkeiten auftreten. Beim Einsatz von Zentrifugalextraktoren ist jedoch Vorsicht geboten, da hier diese Kontaktzeiten unterschritten werden können.

c) *Extraktionskinetik von Palladium*

Die kinetischen Kurven der Palladiumextraktion sind in Abb. 4 dargestellt. Tab. 3 enthält die Ergebnisse der Auswertung, welche auf die gleiche Art wie bei den Technetium-Versuchen vorgenommen wurde. Bei den mit * gekennzeichneten Fällen hat β_R die gleiche Größenordnung wie β_{wD}, und $\varkappa$ läßt sich auf Grund der Gleichheit von Diffusions- und Reaktionszeit abschätzen. Es ergeben sich annähernd die gleichen $\varkappa$-Werte und Mindesteinstellzeiten wie für das Technetium.

In den anderen Fällen kommt man dem Grenzfall einer langsamen Reaktion relativ nahe. Die Reaktionskonstante wurde deshalb unter der Annahme der Gültigkeit dieser Grenzbedingungen errechnet. Die Reaktionsgeschwindigkeit nimmt mit zunehmender Säurekonzentration und fallender TOA-Konzentration ab. Berechnet man mit den $\varkappa$-Werten die Mindesteinstellzeiten, so ergeben sich sehr hohe Werte. Für eine Säurekonzentration von 3 mol/l und eine TOA-Konzentration von 0,5 mol/l ergibt sich zum Beispiel $t_E = 2670$ min. Diese Einstellzeiten sind extrem hoch und stehen im Widerspruch zu den kinetischen Werten, welche bei intensiver Durchmischung im dispersen System gewonnen wurden. Hier wird das Gleichgewicht nach 5 bis 10 Minuten erreicht. Die Erklärung für diesen großen Unterschied dürfte darin bestehen, daß in der Rührzelle mit der ruhenden Grenzfläche offenbar ein hoher Grenzflächenwiderstand auftritt. Durch hohe Turbulenz an der Grenzfläche wird dieser Widerstand beseitigt. Bei hoher Palladium- und Aminkonzentration war die Ausbildung einer festen Phase zu beobachten, welche sich in der Grenzfläche absetzt. Diese Grenzschicht könnte auch bei niedrigen Konzentrationen, wenn sie noch nicht optisch sichtbar ist,

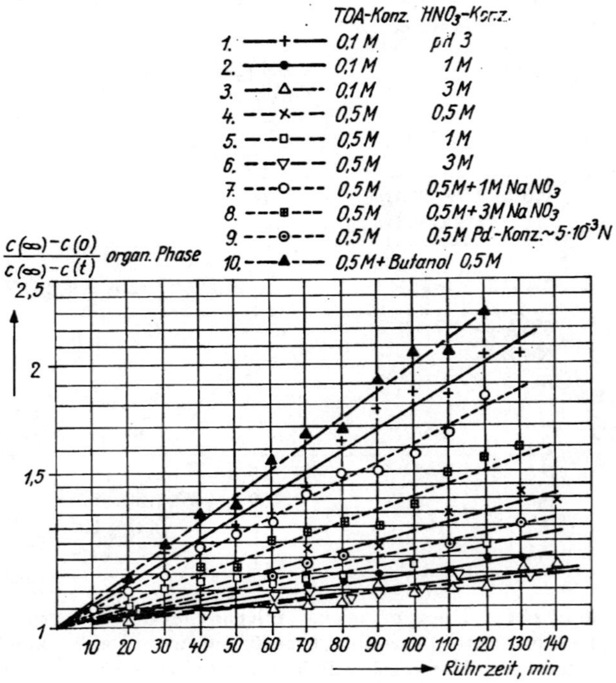

Abb. 4. Extraktionskinetik von Palladium

Tab. 3. Kinetik der Palladiumextraktion mit TOA

TOA-Konz.	HNO_3-Konz.	m	K_w	$\frac{1}{K_w}$	$\frac{1}{m\beta_{oD}}$	$\frac{1}{\beta_w}$	$\frac{1}{\beta_{wD}}$	$\frac{1}{\beta_R}$	langsame Reaktion $\varkappa = \beta_R \cdot \frac{A}{V}$
mol/l	mol/l		$\frac{cm}{min}$	$\frac{min}{cm}$	$\frac{min}{cm}$	$\frac{min}{cm}$	$\frac{min}{cm}$	$\frac{min}{cm}$	min^{-1}
0,1	pH 3	14	$6{,}7 \cdot 10^{-2}$	15	0,7	14,3	7,4	6,9	*
0,1	1	2,34	$1{,}22 \cdot 10^{-2}$	82	4,1	78	7,6	70,4	$1{,}1 \cdot 10^{-3}$
0,1	3	0,54	$4{,}8 \cdot 10^{-3}$	208	17,8	190	7,8	182	$4{,}5 \cdot 10^{-4}$
0,5	0,5	63	$3{,}02 \cdot 10^{-2}$	33	0,18	32,8	8,1	24,7	$3{,}3 \cdot 10^{-3}$
0,5	1	14	$2{,}0 \cdot 10^{-2}$	50	0,81	49,2	8,2	41	$1{,}99 \cdot 10^{-3}$
0,5	3	4,8	$1{,}38 \cdot 10^{-2}$	78	2,36	75,6	8,3	67,3	$1{,}2 \cdot 10^{-3}$
0,5	0,5 + $NaNO_3$ 3 mol l	73	$3{,}4 \cdot 10^{-2}$	29,4	0,14	29,3	8,1	21,2	*
0,5	0,5 + $NaNO_3$ 1 mol l	64	$5{,}9 \cdot 10^{-2}$	17	0,18	16,8	8,1	8,7	*
0,5	0,5 + reale Pd-Konz. $5 \cdot 10^{-3}$ mol l	44,6	$1{,}9 \cdot 10^{-2}$	52,6	0,25	52,4	8,1	44,3	$1{,}8 \cdot 10^{-3}$
0,5 + 5% Butanol	0,5	12,1	$7{,}8 \cdot 10^{-2}$	12,8	0,9	11,9	8,1	3,8	*

einen hohen Grenzflächenwiderstand erzeugen, indem sie den Zutritt unreagierter TOA-Moleküle aus dem Inneren der Phase an die Grenzfläche behindert.

Das Beispiel zeigt, daß in derartigen Fällen die kinetische Rührzelle falsche Ergebnisse liefern kann. Es sind dann Vergleichsmessungen in Regimen mit ständiger Grenzflächenerneuerungen notwendig. Eine geeignete Methode dafür ist die Untersuchung des Stoffübergangs an zirkulierenden Einzeltropfen.

Schlußfolgerungen

Aus den Ergebnissen läßt sich erkennen, daß bei Einsatz von Mixer-Settler-Extraktoren oder Pulsationskolonnen bezüglich der Kinetik der Technetiumextraktion keine Komplikationen auftreten dürften. Die Einstellzeit ist genügend kurz im Vergleich zur mittleren Verweilzeit pro Trennstufe, so daß über 90% des Gleichgewichtswertes erreicht werden, wenn die Extraktoren unter normalen Betriebsbedingungen arbeiten. Bezüglich der Palladiumextraktion sind jedoch wegen der Grenzflächeneffekte keine gesicherten Aussagen möglich. Die auf Grund der Rührzellenversuche ermittelte extrem hohe Einstellzeit wird in Rührsystemen mit Dispergierung der Phasen nicht bestätigt. Jedoch liegt auch in diesem Fall die Einstellzeit für das Gleichgewicht deutlich über der Einstellzeit des Technetiums. Die Nichtbeachtung der kinetischen Effekte kann deshalb zu einer wesentlichen Verschlechterung der Palladiumextraktion im technischen Extraktor führen. Für eine quantitative Abschätzung dieser Effekte erscheint in dem vorliegenden speziellen Fall jedoch die Untersuchung der Extraktionskinetik an zirkulierenden Einzeltropfen wegen ihrer intensiven Grenzflächenerneuerung besser geeignet als eine Rührzelle mit ruhender Grenzfläche.

Eingegangen am 4. 11. 1981

Literatur

[1] *V. Kourim, O. Vojtech,* At. Energy Rev. 12 (1975) 215
[2] *B. Gorski, G. Pfrepper, W. Heyne, D. Nebel,* Isotopenpraxis 14 (1978) 137
[3] *B. Gorski, M. Richter, M. Hennrich,* WP 145909
[4] *M. Richter, E. Meinhold,* Isotopenpraxis 14 (1978) 416

Decontamination Studies of Radioactive Thorium by Natural Clays

A. Al-Suhybani, S. Al-Khowaiter, F. Abou El-Nour, E. Hallaba

(Chemistry Department College of Science Riyadh University Riyadh, Saudi Arabia)

A sensitive spectrophotometric method for the determination of microquantities of thorium in exchange studies with natural clays was developed. The uptake capacity of natural local clays was found to be 10–17 meq. Th/100 gm clay. The uptake increases in the sequence fine > medium > coarse. It starts at pH *values of 1.1 to 1.3, where ion-exchange mechanism prevails. At higher* pH *of about 3.7 decontamination occurs because of the precipitation of thorium. An explanation of the uptake mechanism was endeavoured. The effect of competing ions was also investigated.*

Keywords

clays; decontamination; inorganic ion exchangers; liquid wastes; thorium complexes; thorium nitrates

Introduction

Waste thorium liquors were present in our laboratory as a result of the preparation of nickel catalysts promoted with thorium salts. It was thought beneficial to decontaminate these wastes by their eventual disposal into the ground. Besides thorium being chemically toxic as a heavy element it has also radioactive toxicity resulting from its alpha, beta and gamma radiations [1].

Due to the high ion exchange capacity of natural clays, ground disposal is considered as one of the promising way to get rid of many undesired low activities [2]. To manage such waste system, it was necessary to study the soil adsorption properties, the ion exchange behaviour of thorium and the physico-chemical laws governing the interaction of thorium with clay minerals.

The present study aims to investigate

1. A sensitive spectrophotometric method of thorium complexation in order to determine precisely microconcentration of thorium in the different species.
2. A study of the mechanism of uptakes of thorium species by natural clays which includes the optimum conditions of *p*H, mesh size of the clay and the minerals affecting the uptake.

A detailed investigation of the thorium nitrate-nitric acid – water system has revealed that only $Th(NO_3)_4 \cdot 5\,H_2O$ and $Th(NO_3)_4 \cdot 4\,H_2O$ can be isolated as stable species at room temperature [3]. Determination of the structure of $Th(NO_3)_4 \cdot 5\,H_2O$ by X-ray and by neutron diffraction has revealed that the 4 nitrate groups are each bidentated and 3 of the five water molecules are coordinated resulting in an 11-coordinated thorium atom [4]. Results by infra-red and *Raman* studies show that two types of water molecules are present (hydrogen bonding between water-water and water-nitrate) and that all the nitrate groups are covalently bonded. Hydrolysis of thorium tetranitrate in aqueous solution yields hydroxy compounds such as $Th_2(OH)_4(NO_3)_4 \cdot x\,H_2O$.

Several complexes with oxygen donor ligands have been characterised [5] with thorium tetranitrate. They are generally prepared by direct reaction between the appropriate tetranitrate hydrate and the organic ligand.

Experimental

Thorium nitrate penta hydrate, R. G. Riedel de Hahn and arsenazo-1 (Neothorin) p.a., Fluka A.G. were used in this study as well other chemicals were of analytical grade. A *Beckman* spectrophotometer U.V. 5270 digital, direct reading, recording and double beam operation was used in the range between 190—3000 nm. The *p*H measurements were carried out using a digital *p*H meter of the Metrohm 632 type. The clay minerals were selected from nearby Riyadh area, grounded and sieved to different mesh size of 0.045—0.1 mm ∅ (fine) 0.1—0.5 mm ∅ (medium) and 0.5—0.8 ∅ (coarse).

Results and Discussion

A. *Spectrophotometric studies*

Dilute solutions of thorium nitrate of concentration 10^{-3} to 10^{-5} M in nitric acid medium were used. Arsenaso-1 reagent was recommended as a very sensitive and new reagent for the determination of micro quantities of thorium [1]. A systematic study of the different factors affecting the complex formation of thorium with arsenazo-1 was necessary as the data present in the literature were scarce [6].

a) *Behaviour of thorium nitrate pentahydrate in solution of variable H^+ concentration.* Different solutions (100 ml) of known *p*H containing 10^{-3} M thorium nitrate were prepared. After half an hour one ml of each solution was withdrawn and complexed with arsenazo-1 to form the bluish violet complex and thus the free Th-nitrate was determined spectrophotometrically. If the solution contained a precipitate, it was centrifuged before withdrawal. A duplicate experiment was carried out in which the solutions were left 24 hours for complete equilibration. Results are shown in Fig. 1.

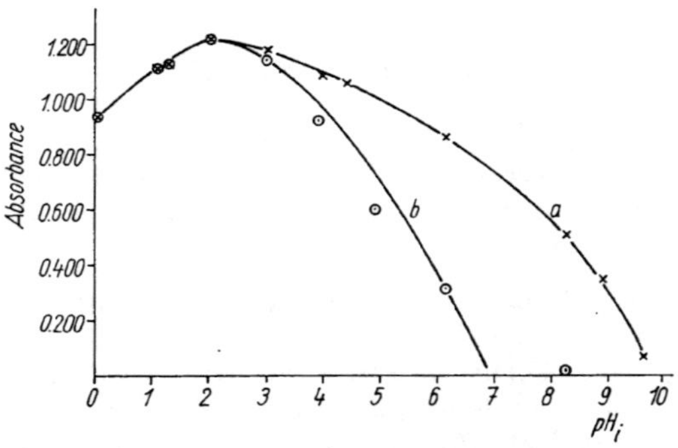

Fig. 1. Effect of *p*H on the behaviour of thorium tetranitrate solution a — after ½ h; b — after 24 h

At concentration of HNO_3 within 1 to 0·1 N, thorium nitrate was stabilised by the high nitrate concentration. With increase of *p*H, water coordinated to the inner sphere leaves stepwise its place via protonated water. A certain *p*H is reached where th-nitrate is free to accept other ligands of stronger affinity to the central ion. This optimum condition is attained at *p*H = 2, where complete displacement of water from its inner coordination sphere occurs.

At higher *p*H, Th-nitrate starts to precipitate due to the weakness of coordination of nitrate anion [7]. Thorium hydroxide was found to precipitate at *p*H 3.7—4 and complete precipitation was noticed at higher *p*Hs specially after 24 hours equilibration.

b) *Complex formation between Th-nitrate and Arsenazo-1.* Thorium nitrate forms with arsenazo-1 a bluish violet coloured complex in acid *p*H while arsenzo-1 has a red orange colour stable till alkaline *p*H. The maximum absorption of Th-arsenazo complex was found at 575 nm, while that of arsenazo-1 was at 497 nm. No interference between them is noticed as seen in Fig. 2. Optimum *p*H at which the colour of the complex has maximum absorbance was determined by developing the Th-arsenazo complex in different *p*H media. It was found that the maximum absorbance occurs at *p*H 2 as in Fig. 3.

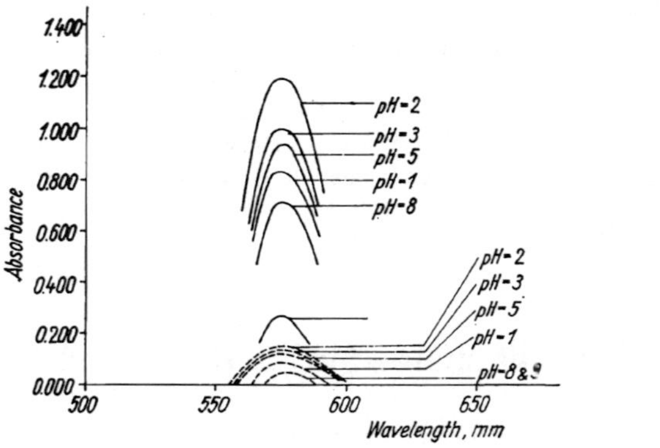

Fig. 2. Absorbance of thorium: arsenazo complex at different *p*H values

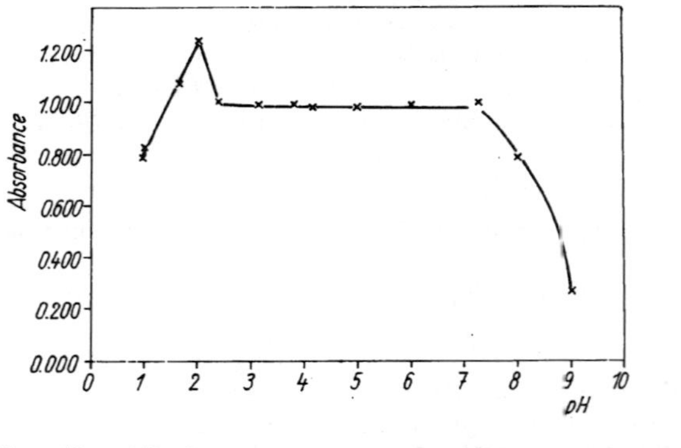

Fig. 3. Formation of thorium: arsenazo complex at different *p*H values

This is in agreement with our earlier view of the availability of Th^{4+} for other ligands of greater affinity than the solvent molecules. The maximum absorbance coincides with the maximum displacement of water from the inner coordination sphere viz at *p*H 2. Once the complex is formed its colour is stable for over one week, even if heated which infers a stable complex configuration.

c) *Molar ratio composition of the Th-arsenazo complex.* The slope ratio method [8] was applied to determine the molar ratio of Th-arsenazo complex as seen in Fig. 4.

The ratio in our gave case a value of 1.85 in agreement of a ratio 1:2 (Metal:Ligand) and therefore the coloured complex formed will be $Th(NO_3)_4 \cdot 2$ L where L stands for arsenazo-1.

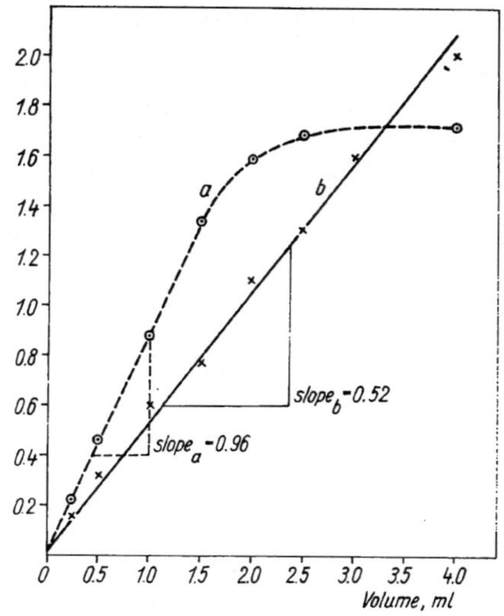

Fig. 4. Slope ratio method for determining complex formation

a — Thorium variable and arsenazo constant; b — Arsenazo variable and thorium constant

B. *Decontamination Studies*

Ground disposal can function as storage tanks or ion exchange columns. The ion exchange properties of such a column determines the feasibility of disposal of radioactive wastes. The property of exchange capacity is measured in terms of milliequivalents/100 gm clay [9]. The exchangeable ions are held around the outside of the silica-alumina clay mineral structure unit. Broken bonds would give rise to unsatisfied charges which is balanced by adsorbed cations. The exchange capacity due to this cause would increase as the particle size decrease. The uptake studies included batch experiments, in which a known amount of the radioactive material, $Th(NO_3)_4$ (10^{-3} M), contained in acid solution (100 ml) was brought in contact with the clay while continuously stirring. After an interval of time one milliliter of the solution is withdrawn (not affecting the liquid: solid ratio), centrifuged and the filtrate analysed spectrophotometrically. Simultaneously the *p*H change of the solution was followed with time. A preliminary analysis of the clay showed a composition of 15% SiO_2, 10% Al_2O_3, 30% $CaCO_3$ and less than 40% of iron and other oxides.

1. *Uptake studies of* H^+ *ions.* A minimal change of *p*H with time for solutions of flow initial *p*H containing the clay in absence of Th was noticed. The results are shown in Fig. 5. This is mostly due to dissolution processes and uptake of H^+-ions by the clay. This uptake amounted to nearly 600—700 meq./100 gm clay. At higher initial *p*H of 1·1 and 1·3 the *p*H jumps to 6 and 7 respectively. This marked increase of *p*H leads to a diminution of the competetive role of H^+-ions with respect to iron and silicous hydroxide leading to their liberation. By loading the same

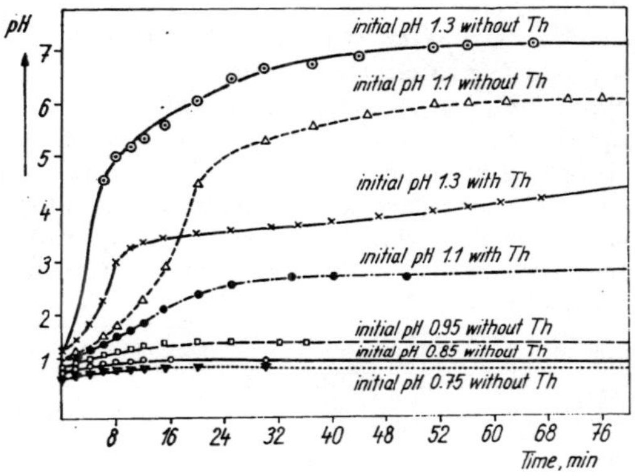

Fig. 5. Change of *p*H of solution containing clay (fine) with time
a — loaded with 10^{-3} M thorium nitrate; b — without thorium nitrate

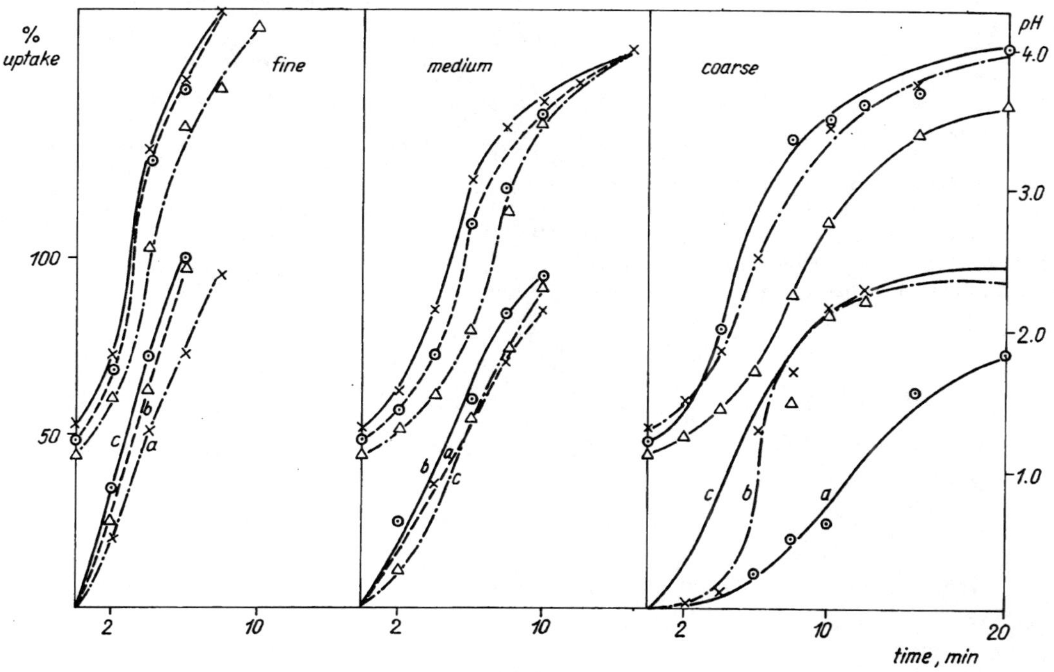

Fig. 6. %uptake of thorium and *p*H change for fine, medium and coarse clays
a — *p*H = 1.1; b — *p*H = 1.2; c — *p*H = 1.3

solutions of 10^{-3} M a large *p*H drop occurs from 6 to 2·6 and from 7 to 4 respectively. Hydrogen ions are preferably used by thorium nitrate inner water sphere molecules to yield protonated water (*Brønsted* acid) than in exchange reaction.

2. *Uptake studies of thorium nitrate.* No uptake of thorium nitrate was noticed below *p*H 1. Exchange started at *p*H 1·1 and 100% uptake was attained within 10 minutes by continuous stirring. With intermittant shaking a longer equilibrium time was reached with a reduction in the uptake capacity by 20—30%. Continuous stirring exposed the exchangeable sites and enhanced diffusion of highly positive Th^{4+} into the silica-alumina packet (cleavage surface). The uptake is mainly due to cation exchange mechanism since no precipitation of Th occurs at these low *p*H values. The sequence of uptake and *p*H change is fine > medium > coarse as shown in Fig. 6.

3. *Effect of competing ions on thorium uptake by clay.* Different concentrations of KNO_3, $Ca(NO_3)_2$, and $Al(NO_3)_3$ were added to 100 ml of a 10^{-3} M solution of thorium nitrate at *p*H 1·1 containing 1 gm of fine clay. At low concentrations of these metal nitrates (10^{-4}—10^{-1} N), thorium was desorbed from the clay and low uptake was noticed. Aluminium ions desorbed thorium totally from the clay, while uptake of K^+ and Ca^{++} was diminished and an equilibrium is set up between them with 30—50% reduction in thorium uptake. Al^{+++} clogged the available sites for cation exchange, while K^+ and Ca^{++} competed with thorium in the sequence; $Al^{+++} \gg K^+ > Ca^{++}$ in agreement with others [10] as shown in Fig. 7.

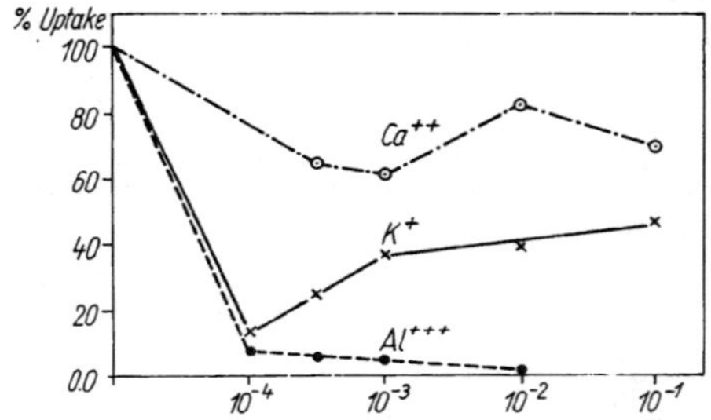

Fig. 7. Effect of competing ions on thorium uptake

4. *The adsorption mechanism.* K_d the equilibrium distribution coefficient has been found to increase continuously by the increase of the initial *p*H, indicating an ion exchange adsorption mechanism. Moreover, our data fits *Freundlich* Adsorption Isotherm. The presence of more than one straight line indicates that two processes are taking part, a fast one of ion exchange adsorption at low *p*H and a slow process controlled by particle diffusion at higher *p*H.

The rise of temperature from 6 °C to 30 °C slightly increases the thorium uptake by the clay. Nearly 20% increase was determined for a temperature rise of 24 °C from Fig. 8.

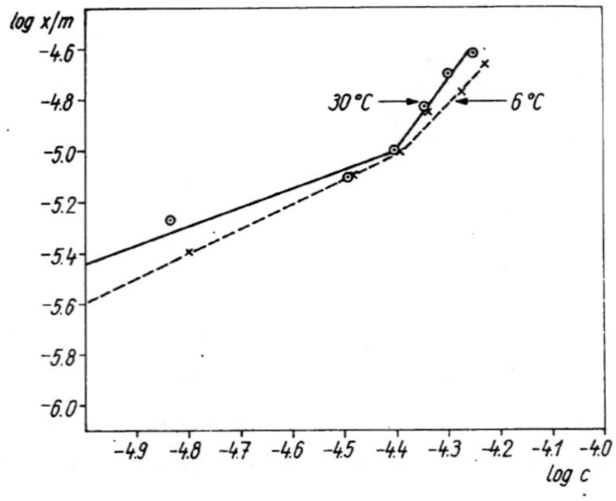

Fig. 8. Application of *Freundlich* Isotherm

Acknowledgement

The assistance of Mr. *Abdulla El-Sadek* in carrying the experimental part was much appreciated.

Received October 21, 1981

References

[1] *D. I. Ryabchikov, E. K. Gollraikh*, The Analytical Chemistry of Thorium, translated by *A. D. Norrish*, Pergamon Press, London 1963

[2] Second Proc. Intern. Conf. Peaceful of Atomic Energy, U.N. 1958, U.N. p/2351-18, 101; U.N. p/1767-18, 95; U.N. p/2004-18, 3

[3] *J. R. Ferraro, I. I. Katzin, G. Gibson*, J. Amer. Chem. Soc. **76** (1954) 909

[4] a) *T. Ueki, A. Zalkin, D. H. Templeton*, Acta., Cryst. **20** (1966) 863; b) *J. C. Taylor, M. H. Mueller, R. L. Hitterman*, Acta. Cryst. **20** (1966) 842

[5] *K. W. Bangall, D. Brown, P. J. Jonesand, P. S. Robinson.*, J. Chem. Soc. **1964**, 253 L

[6] *Foster De Snell*, Photometric and Fluoremetric Methods of Analysis Metals, Part 2, John Wiley & Sons 1978, p. 1817

[7] *H. A. C. McKay, J. L. Woodhead*, J. Chem. Soc. **1964**, 717

[8] *A. E. Harvey* Jr., *D. L. Maning.*, J. Am. Chem. Soc. **72** (1950) 4488

[9] *R. E. Grim*, "Clay Mineralogy", 2nd Edition 1968, McGraw-Hill Book Co. N.Y.

[10] *E. Mitry, S. Emara, M. Farah.*, IAEA Symposium, SM-71/63 C (1971)

Fixation of Radioactive Elements on Illite and Bentonite

M. B. Hafez, A. A. Abdelrasoul), R. Alqasmi*

(Chem. Dept. U.A.E. Univ. Al Ain Abu-Dhabi[1])

Fixation of some radioactive isotopes, from aqueous and phosphage solutions, on illite and bentonite minerals showed that the interaction between the radioactive isotopes and these minerals followed ion exchange and the adsorption mechanisms. The relative importance of each depend on the type, the nature, and the size of the radioelements.

Keywords

americium 241; bentonite; cerium 144; cesium 137; illite; ion exchange; plutonium 239; radioactive waste processing; strontium 90; uranium 233

Introduction

Illite and bentonite are aluminosilicates which are now used as ^{137}Cs and ^{90}Sr exchangers in the treatment of low level radioactive waste [1]. The present work illustrates fixation mechanisms of some radioactive elements on illite and bentonite.

Experimental Conditions

Material. ^{90}Sr, ^{137}Cs, ^{144}Ce, ^{233}U, ^{239}Pu and ^{241}Am were used in the valency state of Sr(II), Cs(I), Ce(III), U(VI), Pu(IV) and Am(III). The β activity was measured by an end window G.M. The α sources were counted by ZnS scintillation crystal. The γ activity was counted by NaI crystal.

The column consisted of a pyrex glass tube of 180 mm length and 15 mm inner diameter and reservoir of 250 ml capacity. The mineral sample, about 5 g, was loaded in the column and was supported on glass wool plug of 20 mg.

Sample preparation. The minerals were sieved to have particle size of 100 mesh. The samples were stirred several times with 2 N HCl then with distilled water and left over night at room temperature. Samples were heated at 80 °C and a known quantity of each sample was weighed and transfered to columns. The columns were washed with 100 ml 2 N HCl followed by 500 ml distilled water.

Procedures. Groups of solutions of 1000 ml of 0·01 M HNO_3 were prepared. Each group was contaminated with one of the radioactive element (approximately 200 μC). The solutions were adjusted to a *p*H range from 0·5 to 10 using NH_4OH 1 N: (formed NH_4NO_3 does not affect fixation process, under such condition, it passes through the column with the effluent solution). Each solution was then passed through the column. The fixed of the radioelement was removed from the column by 30 ml of HCl 2 N. followed by 50 ml distilled water [2]. The effluent and eluent acid solutions were evaporated to a small volume and quantitavely transfered to a clean watch glass of 3 cm diameter. Then heated, in presence of few drops of fuming HNO_3, to dryness to remove NH_4NO_3 from the effluent solution and to have thin beta and alpha sources for counting. The percentage of the fixed and the non fixed radioelement on sample mineral was calculated by comparison with the amount of radioelement initially contaminated. These experimens were repeated in presence of 300 mg of calcium phosphate at *p*H range of 0·5 to 6·3.

Results and Discussion

Illite and bentonite which are aluminosilicates possessed freely sodium cations [1]. These sodium ions are exchanged by ^{90}Sr and ^{137}Cs which could not be eluted by HCl. The variation of the percent elution, by HCl, of the other radioelements from aqueous solution on illite and bentonite as a function of *p*H is given in Fig. 1. The maximum fixation of radioelements on the two minerals occured at $3{\cdot}5 < pH < 6{\cdot}5$. *Kraus* [3], *Lindenbaum* [4], and *Davydov* [5] have shown that; at low concentration ($< 10^{-4}$ M) and at $3 < pH < 7{\cdot}5$, Ce(III), U(VI), Pu(IV), and Am(III) exist in solu-

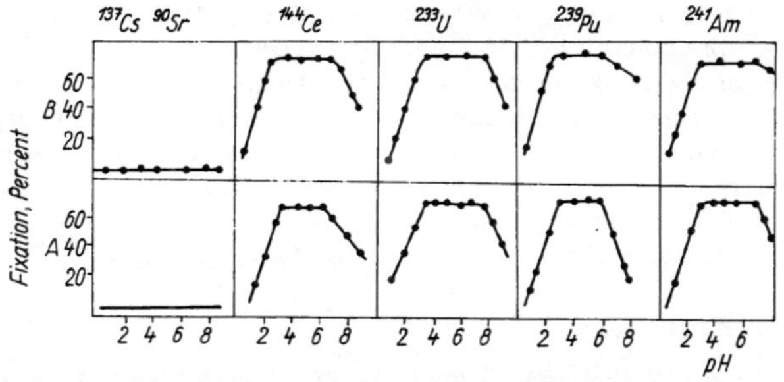

Fig. 1. Variation of the percent elution, by HCl, of radioelements from aqueous solution on A - Illite and B — Bentonite with *p*H

tion as colloidal species with positive charge. The charge depends on the concentration of the hydroxyl ions. On the other hand the charge on the bentonite and illite surfaces is always negative at $pH > 2$ [1]. Therefore the fixation of the above radioelements on the two minerals is due to the formation of positively soluble hydrolysed radioelements, at such *p*H, which attracted on the negatively charged surface minerals and can be eluted by HCl [5]. At $pH < 3$ and at $pH > 6{\cdot}5$ the percentage adsorption decreased with *p*H. At $pH > 6{\cdot}5$ the charge on the radioelement becomes negative accordingly replusion between the mineral surface and the radioelement particles occured. At $pH < 3$ fixation of radioelement on the two minerals decreased due to the competition between H^+ and positively charged radioelement. Results showed that aging of radioelements de-

*) Hot Laboratory Centre, Atomic Energy Establishment Cairo-Egypt

[1]) Address: P.O.Box 15551, Al Ain Abu-Dhabi, Vereinigte Arabische Emirate

creased adsorption. Aged particles are being larger and less charged. In presence of phosphate ions adsorption was much less than in aqueous medium at $p\mathrm{H} < 3$ (Fig. 2). This is due to the formation of negative phosphate complexes. At $4 < p\mathrm{H} < 6{\cdot}3$ phosphate complexes are not formed thus give an increase of the adsorption phenomenon [2].

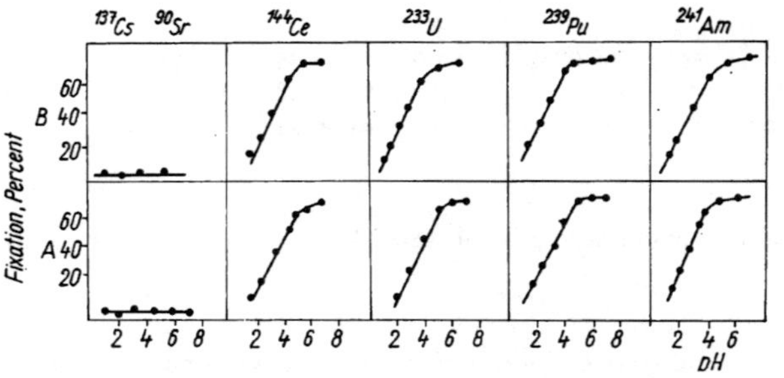

Fig. 2. Variation of the percent elution, by HCl, of radioelements from phosphate solution on A — Illite and B — Bentonite with pH

Experiments indicated that fixation of radioelements on each minerals and elution from it were completely independant of the flow rate. The capacity of cerium retention, at pH 5, was found to be equal 0·62 meq/g and 0·43 meq/g for illite and bentonite respectively while for cesium was equal 0·75 meq/g and 0·56 meq/g for illite and bentonite respectively.

Conclusion

It can be concluded that an adsorption phenomenon has occured between ^{144}Ce, ^{233}U, ^{239}Pu and ^{241}Am on illite and bentonite. The adsorption capacity depends on; pH of the medium, radiolytic behaviour of the radioelement, its age, and its concentration. ^{137}Cs and ^{90}Sr exchange the freely sodium cations in illite and bentonite.

Received November 4, 1981

References

[1] IAEA: use of local minerals in the treatment of radioactive waste, Technical report series No. 136, Vienna 1972

[2] *M. B. Hafez, A. A. Abdelrasoul*, Radioprotection **14** (1979) 1

[3] *K. A. Kraus*, First Int. Conf. Peaceful Uses of atomic energy Vol. **7**, (1954) 243

[4] *A. Lindenbaum*, Int. J. Appl. Radiation Isotopes **16** (1965) 545

[5] *V. I. Grabenschikova, Y. P. Davydov*, Radiokhimiya **77** (1965) 191

Анализ стохастических свойств лестничных фильтров RC

Л. Гонсёровски, Т. Квасневски

(Институт ядерных исследований, Варшава)[1])

В статье проводится анализ целесообразности использования инерционных лестичных цепочек для усреднения случайного сигнала в радиометрических приборах непрерывного действия.
Проанализированы леснтичные цепочки с n одинаковыми звеньями RC, а также $n + 1$ звеньями в которых n звеньев одинаковы а одно отличается постоянной времени. Для цепочек с нормированным верменем ответа T определены зависимости дисперсии и частоты флюктуационных выбросов от числа звеньев. Найдено, что для цепочки с двумя звеньями существует минимум дисперсии сигнала. В случае цепочки с двумя или тремя звенчями частота флюктуационных выбросов уменьшается примерно в 20 раз по сравнению с частосой соответствующей фильтрации на однозвенчевой инерционной цепочке.
Результаты анализа могут быть использьованы в конструировании радиометрических приборов с цифровой обработкой сигналов и нелинейных фильтров.

Keywords

control systems; electric filters; electronic equipment; stochastic processes

1. Введение

В радиометрических приборах непрерывного действия информацию об измеряемом процессе несет сигнал являющийся последовательностью электрических импульсов появляющихся случайно во времени. Из-за случайного характера распада радиоактивного источника, этот сигнал всегда является случайным сигналом даже тогда, когда измеряемый процесс имеет сплошной характер. В связи с этим радиометрические приборы отличаются большей — по сравнению с другими типами измерительных приборов — флюктуацией выходного сигнала в поблизости действительного, в данный момент, значения измеряемого процесса.

Флюктуацию вызванную физической природой источника сигнала принято до настоящего времени фильтровать простой инерционной цепочкой RC, что решающим образом влияет на скорость действия радиоизотопных приборов. Поскольку величина флюктуаций зависит как от частоты импульсов поступающих от измерительной головки прибора, так и от инерционной характеристики. схемы дальнейшей обработки сигнала, для определения стохастических свойств принято использовать два параметра. Первым является время ответа T прибора на единичный скачок входного сигнала. Время T определяется обычно как время истекшее от момента подачи сигнала на вход до момента достижения выходным сигналом значения $p < 1$.

[1]) Адрес: ul. Dorodna 16, 03-195 Warszawa, Poland

Таким образом параметр T характеризует динамические свойства измерительной системы. Вторым параметром является дисперсия σ^2 выходного процесса при установившемся измеряемом процессе т. е. когда средняя частота импульсов поступающих от измерительной головки не зависит от времени.

В приборах с аналоговыми указателями эти два параметра довольно верно отображают ошибки отсчета мгновенного значения измеряемого процесса. В приборах оснащенных выходными устройствами дискретного действия (напр. цифровыми указателями) возможности отсчета определяются дополнительно частотой флюктуационных выбросов N превышающих определенные пределы. Вопрос использования нелинейных фильтров, а также цифровой техники в радиометрических приборах характеризующихся автоматической обработкой сигнала без применения цифровых машин или внешных вычислительных систем, встал на повестку дня в последние годы. Поэтому, в специалистической литературе, можно найти сведения лишь по оптимализации динамики приборов содержащих простые усредняющие звенья. Иногда даже встречаются утверждения [3], будто бы по сравнению с простым усреднянющим звеном более сложные линейные цепочки создают аналитические осложнения которые не оправдывают себя за счет улучшения параметров.

В настоящей статье рассмотрены свойства некоторых лестничных усредняющих цепочек RC с точки зрения их пригодности для фильтрации процессов происходящих в радиоизотопных приборах. Для постоянного времени ответа T проведен анализ дисперсии и числа флюктуационных выбросов как функции числа n звеньев RC. Для упрощения расчеты выполнены в предположении ,,белого“ входного процесса. Такой процесс с достаточной точностью отображает действительный радиометрический процесс характерный для радиоизотопных приборов при условии большой относительной частоты импульсов, пренебрежимо малого мертвого времени схемы детекции и достаточно быстрых усилителей формирующих импульсный сигнал.

2. Передаточная функция инерционной лестничной цепочки RC с нормированным временем ответа

В дальнейшем рассматриваются лестничные фильтры состоящие из $n + 1(A)$ инерционных звеньев, соединенных каскадно и разделенных сепараторами (рис. 1), причем n звеньев одинаковы и отличаются постоянной времени $\frac{1}{\beta} = RC$, а постоянная времени последнего звена равна $\frac{1}{\alpha} = \frac{A}{\beta}$.

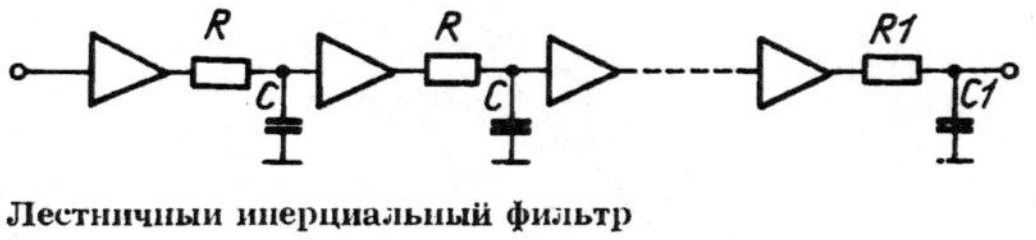

Рис. 1. Лестничныи инерциальный фильтр

Ответ такой цепочки на единичный входной сигнал расчитан исходя из операторной передаточной функции, которая имеет вид:

$$k(p) = \frac{1}{(p-\beta)^{n}\,(p-\alpha)} \tag{1}$$

Применяя обратное преобразование Лапласа, можно найти импульсный ответ цепочки в виде:

$$h'_{n+1(A)} = \frac{1}{2\pi j}\int_{\infty}^{+\infty} \frac{1}{(p-\beta)^{n}\,(p-\alpha)}\, e^{pt}\,dp$$

Выполняя интегрирование и соотвтствующие преобразования получаем выражение:

$$h'_{n+1(A)} = \frac{\beta}{A}\,\frac{A^{n}}{(A-1)^{n}}\, e^{-\frac{\beta t}{A}} \times \left[1 - e^{-\beta t \frac{A-1}{A}} \sum_{k=0}^{n-1} \frac{(\beta t)^{k}}{k!}\left(\frac{A-1}{A}\right)^{k}\right] \tag{2}$$

Интегрируя это выражение получаем ответ на единичный скачок входного сигнала:

$$h_{n+1(A)} = 1 - \left(\frac{A}{A-1}\right)^{n} e^{-\frac{\beta}{A}t} \times \left\{1 - e^{-\beta\frac{A-1}{A}t} \sum_{k=0}^{n-1}\left[\left(\frac{A-1}{A}\right)^{k} \sum_{i=0}^{k} \frac{(\beta t)^{i}}{i!}\right]\right\} \tag{3}$$

Для значений параметра $A = 0$, или $A = 1$ выражения (2) и (3) непригодны для расчетов. В этом случае необходимо пользоваться формулами [5]:

$$h'_{n}(t) = \beta e^{-\beta t}\, \frac{(\beta t)^{n-1}}{(n-1)!} \tag{4}$$

$$h_{n}(t) = 1 - e^{-\beta t} \sum_{k=0}^{n-1} \frac{(\beta t)^{k}}{k!} \tag{5}$$

Как вытекает из выражений (3) и (5), с ростом значений n и A при постоянном значении β увеличивается время ответа T лестничной цепочки. Вводя коэффициент $E = \alpha\tau_1 = \beta\tau$ достигается такая нормировка времен ответа, что они равны времени ответа простой (однозвеньевой) инерционной цепочки RC с постоянной времени τ. Выражение (3) принимает в этом случае вид:

$$h_{n+1(A)}(E, t) = 1 - \left(\frac{A}{A-1}\right)^{n} e^{-\frac{E}{A\tau}t} \times \left\{1 - e^{-\frac{E}{\tau}t\frac{A-1}{A}} \sum_{k=0}^{n-1}\left[\left(\frac{A-1}{A}\right)^{k} \sum_{i=0}^{k} \frac{\left(\frac{Et}{\tau}\right)^{i}}{i!}\right]\right\} \tag{3a}$$

а выражение (5):

$$h_{n}(E, t) = 1 - e^{-\frac{Et}{\tau}} \sum_{k=0}^{n-1} \frac{\left(\frac{Et}{\tau}\right)^{k}}{k!} \tag{5a}$$

В табл. 1 и на рис. 2 полученном по данным этой таблицы приводятся результаты расчетов коэффициента E нормировки постоянных времени, выполненных итерационным методом из соотношения $p = h(E\,t/\tau)$. Независимой переменной на рис. 2 является условная величина $n + A$, которой целая часть определяет число одинаковых звеньев в лестничной цепочке, а дробная часть определяет параметр $A < 1$. Величина коэффициента E зависит от принятого уровня отсчета времени ответа.

Семейство кривых ответа на единичный входной сигнал для инерционных лестничных цепочек с различным числом звеньев и с нормированным на уровне $p = 0{,}9$ временем ответа T показано на рис. 3.

Табл. 1. **Значения коэффициентов *E* нормировки постоянных времени цепочек лестничного фильтра**

$p = 0{,}8$

n	*A* 0	0,1	0,2	0,3	0,4	0,5	0,6	0,7	0,8	0,9
1	1,0000	1,0351	1,0744	1,1190	1,1698	1,2271	1,2902	1,3583	1,4303	1,5055
2	1,5835	1,6182	1,6561	1,6974	1,7428	1,7923	1,8467	1,9050	1,9672	2,0329
3	1,2015	2,1361	2,1732	2,2133	2,2563	2,3032	2,3534	2,4072	2,4644	2,5248
4	2,5852	2,6226	2,6593	2,6985	2,7405	2,7854	2,8345	2,8845	2,9386	2,9957
5	3,0555	3,0898	3,1262	3,1649	3,2060	3,2498	3,2962	3,3454	3,3974	3,4520

$p = 0{,}85$

n	*A* 0	0,1	0,2	0,3	0,4	0,5	0,6	0,7	0,8	0,9
1	1,0000	1,0457	1,0969	1,1546	1,2193	1,2897	1,3646	1,4427	1,5232	1,6055
2	1,6893	1,7344	1,7832	1,8361	1,8933	1,9549	2,0205	2,0894	2,1612	2,2353
3	2,3115	2,3563	2,4042	2,4552	2,5097	2,5697	2,6290	2,6933	2,7604	2,8299
4	2,9016	2,9461	2,9934	3,0434	3,0964	3,1583	3,2111	3,2727	3,3368	3,4032
5	3,4167	3,5161	3,5629	3,6123	3,6642	3,7187	3,7759	3,8355	3,8975	3,9617

$p = 0{,}9$

n	*A* 0	0,1	0,2	0,3	0,4	0,5	0,6	0,7	0,8	0,9
1	1,0000	1,0555	1,1175	1,1871	1,2634	1,3443	1,4283	1,5141	1,6011	1,6890
2	1,7776	1,8322	1,8910	1,9542	2,0219	2,0936	2,1686	2,2462	2,3259	2,4071
3	2,4895	2,5418	2,6014	2,6624	2,7268	2,7946	2,8653	2,9386	3,0140	3,0912
4	3,1698	3,2238	3,2807	3,3405	3,4032	3,4687	3,5369	3,6075	3,6801	3,7545
5	3,8305	3,8844	3,9408	3,9998	4,0613	4,1254	4,1919	4,2606	4,3313	4,4037

$p = 0{,}95$

n	*A* 0	0,1	0,2	0,3	0,4	0,5	0,6	0,7	0,8	0,9
1	1,0000	1,0654	1,1385	1,2196	1,3066	1,3969	1,4838	1,5814	1,6744	1,7674
2	1,8604	1,9247	1,9935	2,0669	2,1446	2,2259	2,3098	2,3955	2,4824	2,5703
3	2,6586	2,6225	2,7898	2,8606	2,9349	3,0121	3,0919	3,1736	3,2569	3,3414
4	3,4266	3,4902	3,5567	3,6262	3,6985	3,7735	3,8507	3,9300	4,0108	4,0928
5	4,1759	4,2393	4,3053	4,3739	4,4450	4,5185	4,5941	4,6715	4,7505	4,8308

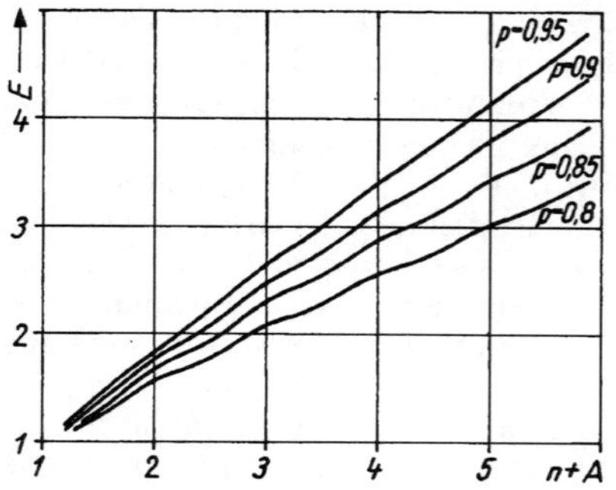

Рис. 2. Коэффициент *E* нормировки постоянных времени как функция параметра $n + A$

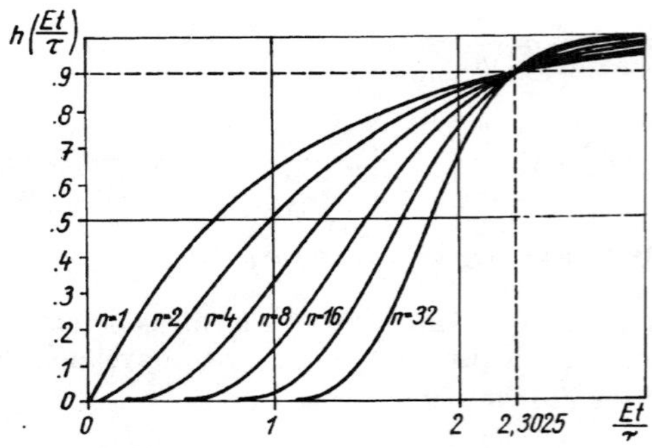

Рис. 3. Семейство нормированных ответа лестничного фильтра

3. Дисперсия нормального процесса испывающего фильтрацию на инерционной лестничной цепочке состоящей из $n + 1(A)$ звеньев

Дисперсия σ^2 нормального процесса на выходе RC — цепочки дается формулой Кампбелла:

$$\sigma^2 = S^2 \int_0^\infty [h'(\delta)]^2 \, d\delta \tag{6}$$

где:

$h'(\delta)$ — импулсный ответ цепочки
S^2 — коэффициент, зависящий от средней частоты импульсов и их формы.

Подставляя выражение (2) в формулу (6) и выполняя действия получаем следующее выражение:

$$\sigma^2_{n+1(A)} = \frac{\beta}{A} S^2 \left(\frac{A}{A-1}\right)^{2n} \times \left\{1 - \sum_{k=0}^{n-1} \left[\frac{4}{A+1}\left(\frac{A-1}{A+1}\right)^k - \sum_{i=0}^{1-n} \frac{(i+k)!}{i!k!}\left(\frac{A-1}{2A}\right)^{i+k}\right]\right\} \tag{7}$$

Аналогично подставляя (4) в формулу (6) получаем:

$$\sigma^2_n = \frac{\beta}{2} \frac{S^2}{2^{2(n-1)}} \frac{[2(n-2)]!}{[(n-2)!]^2} \tag{8}$$

Выведенное соотношение (7) оказывается неудобным для использования при $A \cong 1$. В табл. 2 дана сводка расчетных формул полученных из (7) для различных значений n. В этих формулах вводится коэффициент $E = \beta\tau$ нормирующий время ответа цепочки по времени ответа простой инерционной цепочки с временем ответа τ, а также применяется символ $\sigma_i^2 = S^2/\tau$ для обозначения дисперсии процесса на выходе такой цепочки. Бдагодаря этому легко сравнить эффективность фильтрации различных цепочек.

Табл. 2. Сводка формул для определения дисперсий процесса на выходе лестничных цепочек

$n + 1(A)$	$\sigma^2_{n+1(A)}$
$1 + 1(A)$	$\sigma^2_{1+1(A)} = \sigma_i^2 E \dfrac{1}{1+A}$
$2 + 1(A)$	$\sigma^2_{2+1(A)} = \sigma_i^2 E \dfrac{1+2A}{2(1+A)^2}$
$3 + 1(A)$	$\sigma^2_{3+1(A)} = \sigma_i^2 E \dfrac{8A^2+9A+3}{2^3(1+A)^3}$
$4 + 1(A)$	$\sigma^2_{4+1(A)} = \sigma_i^2 E \dfrac{16A^3+29A^2+20A+5}{2^4(1+A)^4}$

Пользуясь формулами приведенными в табл. 2, выражением (7) и используя значения коэффициента E приведенные в табл. 1 расчитаны значения относительной дисперсии выходного процесса $\frac{\sigma^2}{\sigma_i^2}$ для различных значений $n + A$ при соблюдении постоянного времени ответа T равного времени достижения уровня p ответом простой цепочки обладающей постоянной времени τ. Результаты расчетов представлены в виде диаграмм (рис. 4). На оси ординат нанесены значения относительной дисперсии $\left(\frac{\sigma}{\sigma_i}\right)^2$. На оси абсцисс нанесены значения параметра $n + A$, которого целая часть показывает число n звеньев с постоянной времени $\frac{\tau}{E}$, а дробная часть показывает число $A = \frac{\beta}{\alpha} = \frac{\tau_1}{\tau}$, определяющие постоянную времени $n + 1$ звена. Кривые нанесены для четырех значений уровня p отсчета времени ответа ($p = 0,8$; $0,85$; $0,9$; $0,95$).

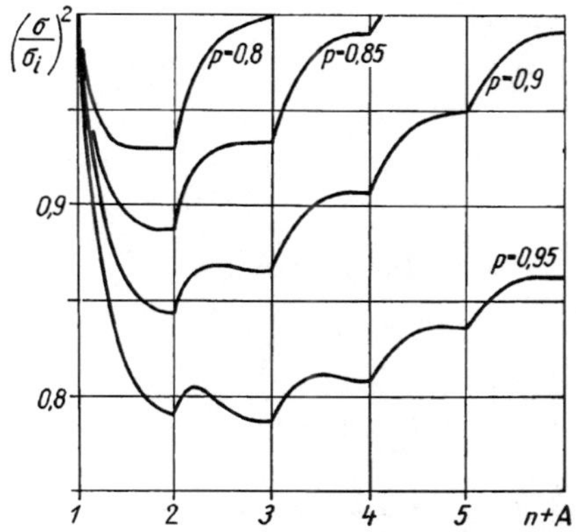

Рис. 4. Зависимость относительной дисперсий от количества звеньев лестничного нормированного фильтра

4. Число флюктуационных выбросов на выходе инерционной лестничной цепочки

Как упоминалось во вступительном параграфе, в радиометрических приборах содержащих узлы действующие по дискретному принципу, существенное значение имеет частота флюктуационных выбросов превышающих определенные пределы.

Общее решение задачи определения частоты флюктуационных выбросов сигналов с нормальным распределением подлежащих фильтрации на линейной цепочке, можно найти в литературе [6]. Для такого случая частота флюктуационных выбросов выходного процесса дается выражением:

$$N = \frac{1}{2\pi}\sqrt{-R_0''}\exp\left[-\frac{1}{2}\left(\frac{\varepsilon}{\sigma}\right)^2\right] \tag{9}$$

где:

R_0'' — вторая произоводная функции корреляции выходного процесса,
ε/σ — относительный уровень дискриминации флюктуационных выбросов,
σ^2 — дисперсия выходного процесса.

Отрицательное значение второй производной корреляционной функции дается выражением:

$$-R_0'' = \frac{1}{2\pi\sigma^2}\int_{-\infty}^{+\infty} \omega^2 W(\omega)\, d\omega \tag{10}$$

где:

$W(\omega)$ спектральная плотность выходного процесса.

Для нормального ,,белого‘‘ входного процесса выражение (10) принимает вид:

$$-R''_0 = \frac{1}{2\pi\sigma^2}\int_{-\infty}^{+\infty}\omega^2|K(j\omega)|^2\,d\omega \tag{10a}$$

Исходя из выражения (10a) можно определить $-R''_0$ для цепочки содержащей определенное число звеньев. В случае инерционной сети из пяти звеньев с постоянными времени $\frac{1}{\alpha} \neq \frac{1}{\beta} \neq \frac{1}{\gamma} \neq \frac{1}{\delta} \neq \frac{1}{\varrho}$ получаем выражение:

$$-R''_{05} = S^2\frac{(\alpha\beta\gamma\delta\varrho)^2}{2\sigma^2}$$

$$\times\frac{1}{(\alpha+\beta)\,(\alpha+\gamma)\,(\alpha+\delta)\,(\alpha+\varrho)\,(\beta+\gamma)}$$

$$\times\frac{1}{(\beta+\delta)\,(\beta+\varrho)\,(\gamma+\delta)\,(\gamma+\varrho)\,(\delta+\varrho)}$$

$$\times\{\alpha^2(\beta+\gamma+\delta+\varrho)+\beta^2(\alpha+\gamma+\delta+\varrho)+\gamma^2(\alpha+\beta+\delta+\varrho)$$
$$+\,\delta^2(\alpha+\beta+\gamma+\varrho)+\varrho^2(\alpha+\beta+\gamma+\delta)$$
$$+\,2[\alpha\beta(\gamma+\delta+\varrho)+\delta\varrho(\alpha+\beta+\gamma)+\gamma(\alpha+\beta)\,(\delta+\varrho)] \tag{11}$$

Принимая $\alpha \neq \beta = \gamma = \delta = \varrho$ получаем:

$$-R''_{04+1(A)} = \frac{\beta S^2}{2\sigma^2}\,\frac{5A^2+4A+1}{2^4\,(1+A)^4} \tag{12}$$

где:

$A = \beta/\alpha = \tau_1/\tau$

Подставляя в (12) значение σ^2 из Табл. 2 и учитывая $\sigma_1^2 = \frac{S^2}{2\tau} = \frac{S\beta}{2E}$ получаем:

$$-R''_{04+1(A)} = \left(\frac{E}{\tau}\right)^2\frac{5A^2+4A+1}{16A^3+29A^2+2DA+5} \tag{13}$$

Исходя из выражения (11) для $1/\varrho \to \infty$ и действуя аналогично как выше, получаем выражение для $-R''_{03+1(A)}$ Сводка формул для определения $-R''_{0n+1(A)}$ для $n \leqq 4$ дана в табл. 3.

Табл. 3. Сводка формул для определения $-R''_{0n+1(A)}$

$n+1(A)$	$-R''_{2n+1(A)}$
$1+1(A)$	$-R''_{01+1(A)} = \left(\frac{E}{\tau}\right)^2\frac{1}{A}$
$2+1(A)$	$-R''_{02+1(A)} = \left(\frac{E}{\tau}\right)^2\frac{1}{1+2A}$
$3+1(A)$	$-R''_{03+1(A)} = \left(\frac{E}{\tau}\right)^2\frac{1+3A}{8A^2+9A+3}$
$4+1(A)$	$-R''_{04+1(A)} = \left(\frac{E}{\tau}\right)^2\frac{5A^2+4A+1}{16A^3+29A^2+20A+5}$

В случае $A = 0$ формула для второй производной кореляционной функции принимает более простой вид. Подставляя квадрат модуля комплексной передаточной функции

$$|K(j\omega)|^2 = \frac{S^2}{(1+N^2\tau^2)^n}$$

в выражение (10) получается, после выполнения действий:

$$-R''_{0n} = \frac{\beta S^2}{\sigma^2}\,\frac{1}{2^{2(n-1)}(n-1)!}\,\frac{[2(n-2)]!}{[(n-2)!]^2} \tag{14}$$

или в выражение (8), получается:

$$-R''_{0n} = \beta^2\frac{1}{2(n-1)-1} = \left(\frac{E}{\tau}\right)^2\frac{1}{2(n-1)-1} \tag{15}$$

Выше приведены выражения для расчета отрицательного значения второй производной корреляционной функции процесса на выходе лестничной цепочки. Вводя переменную $\left(\frac{\sigma}{\sigma_1}\right)^2$ можно привести соотношение (8) к виду более удобному для анализа:

$$N = \sqrt{-R''_{0n+1(A)}}\,\exp\left[-\frac{1}{2}\left(\frac{\varepsilon}{\sigma_1}\right)\left(\frac{\sigma_1}{\sigma}\right)^2\right] \tag{16}$$

где:

ε/σ_1 — относительное значение уровня дискриминации флюктуационных выбросов,

σ_1^2 — дисперсия процесса на выходе простого звена с временем ответа T.

Неопределенность частоты флюктуационных выбросов для $n + A = 1{,}0$ вытекает из известного факта неопределенности второй производной корреляционной функции ,,белого,, процесса испытывающего фильтрацию на простой (однозвеньевой) усредняющей цепочке. Действительный выходной процесс обладает ограниченной полосой, что равносильно включению в цепочку дополнительно одного или более усредняющего звена. В радиометрических устройствах постоянные времени звеньев настолько малы по сравнению с применяемыми в фильтре, что ими можно пренебречь. Такое пренебрежение однако недопустимо если рассматривается частота флюктуационных выбросов.

На рис. 6 показаны кривые зависимости относительной частоты флюктуационных выбросов как функции ранее определенной переменной $n + A$ для $0{,}01 < A < 1$. Кривые нанесены по данным расчетов с использованием формулы (16), соотношений приведенных в табл. 2 и 3 а также по данным табл. 1. Частота выбросов определена по отношению к частоте для $n + A = 1{,}01$. Отдельные кривые соответствуют определенным значениям относительного уровня дискриминации флюктуационных выбросов.

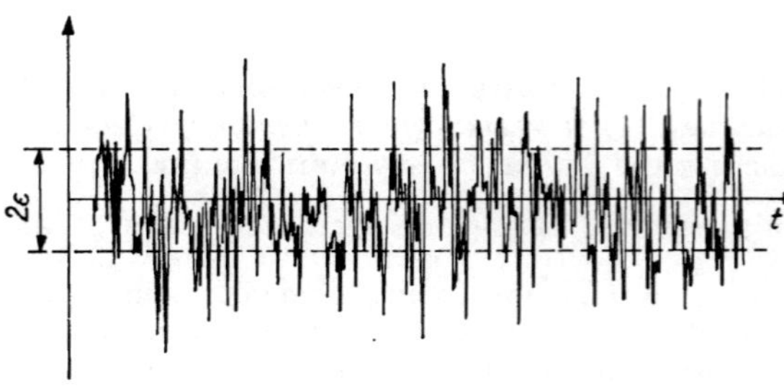

Рис. 5. Флюктуационные выбросы радиометрицеского сигнала

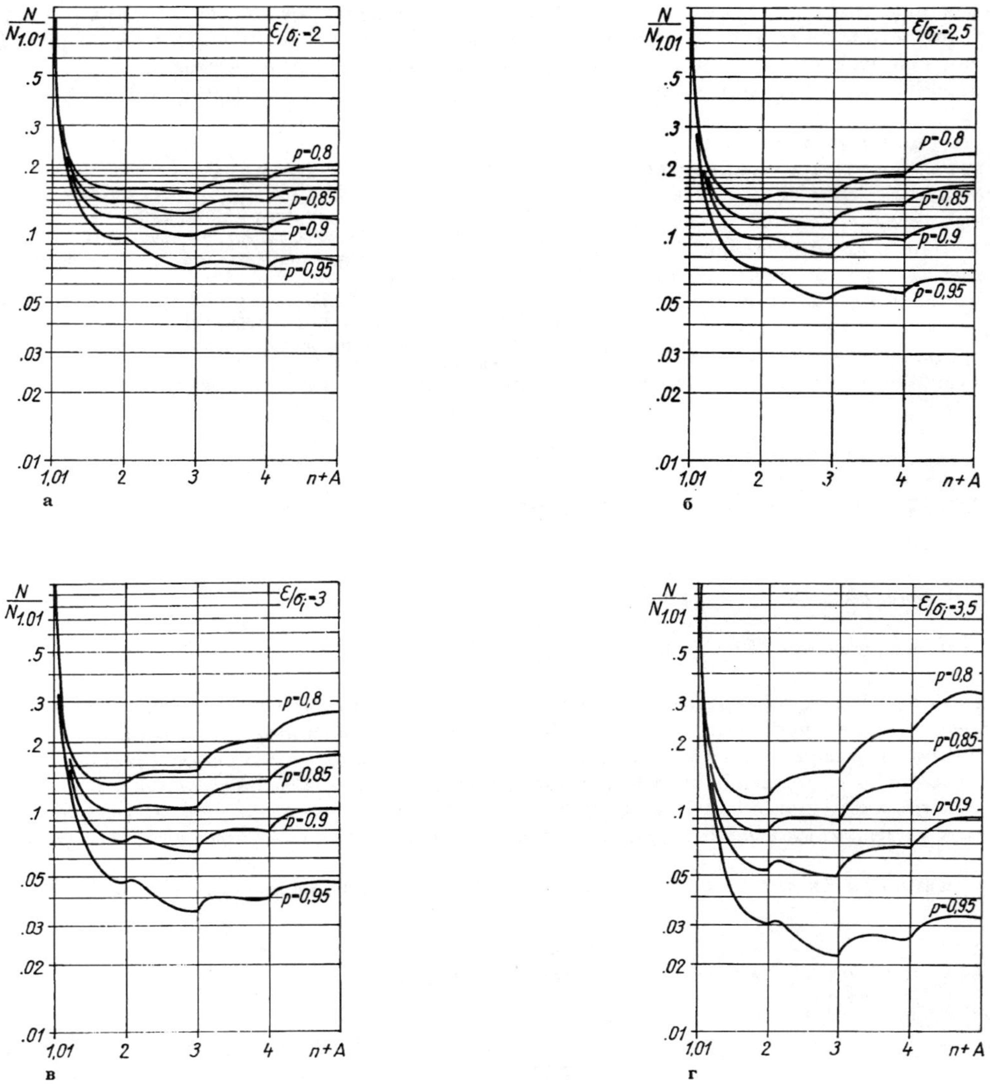

Рис. 6. Кривые зависимости относителпой частоты флюктуации для разных значений относительного уровня дикримипации флюктуационных выбросов

а — для $\varepsilon/\sigma_1 = 2$; б — для $\varepsilon/\sigma_1 = 2,5$; в — для $\varepsilon/\sigma_1 = 3$; г — для $\varepsilon/\sigma_1 = 3,5$

5. Замечания и выводы

Если принять величину дисперсии как меру качества фильтрации, тогда по данным расчетов изображенных на рис. 4 можно сделать вывод, что применение инерционной лестничной цепочки лишь незначительно улучшает динамические показатели радиометрических приборов. С технической точки зрения лучшие результаты получаются для цепочки состоящей из двух одинаковых звеньев, хотя условие идентичности не слишком строго. Учитывая ход кривой в области точки минимума, аналогичные результаты получаются для $1,8 < (n + A) < 2,2$. Анализируя представленные на рис. 6 зависимости относительной частоты флюктуационных выбросов можно прийти к выводу, что положительный результат дает применение лестничной фильтрационной цепочки состоящей из двух или трех звеньев. Частота флюктуационных выбросов быстро уменьшается в диапозоне $1 < n + A < 1,5$. Тот факт, что частота флюктуационных выбросов стремится к бесконечности когда $n + A$ стремится к единице является следствием принятия в расчетах ,,белого" спектровходного процесса. В действительности, спектральная плотность входного процесса характеризуется, как уже упоминалось раньше, ограниченной полосой, что соответствует $n + A = 1$. Радиометрический процесс управляется обычно быстрыми усилителями, которых времена ответа на два до четырех порядка больше времени ответа T усредняющего фильтра. Поэтому, подбирая инерционную лестничную цепочку с учестом вышеприведенных соображений, можно получить для флюктуационных выбросов превышающих $\frac{\sigma}{\sigma} = 3$, 20-кратное уменьшение этой частоты, по сравнению с частотой выбросов наблюдаемой для фильтра с $n + A = 1,01$. Этот вывод был проверен во время измерений нелинейного фильтра с областью нечувствительности. Улучшение динамических свойств фильтра в результате применения лестничной цепочки ярко выражено и соответствует ожидаемому на основании вышеприведенного анализа.

Следует подчеркнуть, что полученные выше результаты не действительны для радиометрических устройств обладающих значительным мертвым временем, например для изотопных реле серии UPR (выпускаемых в ПНР). В этих приборах отношение мертвого времени к максимальной частоте счета составляет около 0,1 и кроме того их выходные устройства (реле) характеризуются временем срабатывания сравнимым с временем ответа усредняющего фильтра. Поскольку длительность флюктуационных выбросов невелика, обычно она меньше времени срабатывания реле, следовательно применение лестничных усредняющих фильтров не дает заметных результатов.

Поступила в редакцию 18/XI. 1981

Литература

[1] *В. И. Хинченко*, Радиотехника 3 (1975) 2, 6

[2] *B. F. C. Cooper*, Proc. IREE Austr. 31 (1970) 2, 41

[3] *Л. К. Таточенко*, Радиоактивные изотопы в приборостроении, Атомиздат, Москва 1960

[4] *L. Gąsiorowski, T. Kwaśniewski*, Raport INR XVA/E/B 1593

[5] *V. Strejc*, Regelungstechnik 7 (1959) 124

[6] *В. И. Тихонов*, Статистическая радиотехника, Советское радио, Москва 1966

[7] *L. Gąsiorowski*, Raport INR 1366/XVA/E/B

Анализ стохастических свойств инерционного активного фильтра второго порядка

Л. Гонсёровски, Т. Квасневски

(Институт ядерных исследований, Варшава)[1]

Проведен анализ целесообразности применения инерционного активного фильтра второго порядка для усреднения случайного сигнала в радиометрических приборах непрерывного действия. Для фильтра с нормированным временем ответа T определена зависимость дисперсии стационарного выходного сигнала и частоты флюктуационных выбросов от величины коэффициента обратной связи k. Установлено, что минимум дисперсий и частоты выбросов приходится на фильтры с коэффициентом k = 0,5—0,6. Частота флюктуационных выбросов уменьшается в этом случае примерно в 5 раз по сравнению с частотой для фильтров с k = 0.

Результаты анализа могут быть использованы для проектирования радиометрических приборов.

Keywords

control system; electric filters; electronic equipment; stochastic processes

1. Введение

В ранее опубликованной работе [1] проведен анализ возможностей применения инерционных лестничных цепей с $n+1$ звеньями для усреднения случайного сигнала в радиометрических приборах непрерывного действия.

Детальный анализ показал целесообразность применения лестничных цепей с двумя или тремя звеньями которые, в случае цепей с одинаковым временем ответа T, дают выходной сигнал с минимальной дисперсией и минимальной частотой флюктуационных выбросов. Увеличение числа звеньев в цепи до более чем три не улучшает параметров фильтра.

Настоящая работа посвящена аналогичному анализу свойств активного фильтра второго порядка проведенному для стохастических процессов присущих радиометрии. Принимая, что время ответа фильтра является параметром, проведен анализ зависимости дисперсии и числа флюктуацуонных выбросов от величины коэффициента положительной обратной связи фильтра. Расчеты связанные с частотой флюктуационных выбросов выполнены в предположении белого выходного сигнала. Такой сигнал достаточно строго отображает действительный радиометрический процесс используемый в радиоизотопных приборах, при условии большой относительной частоты импульсов, пренебрежимо малого мертвого времени детекционной схемы и применения достаточно быстрых усилителей, формирующих импульсный сигнал.

2. Пропускная способность и ответ инерционного активного фильтра на единичный скачок выходного сигнала

В дальнейшем будем рассматривать активный фильтр которого схема показана на рис. 1. Передаточная функция этого фильтра дается выражением:

$$G(s) = \frac{1}{(s\tau)^2 + s\tau(2-k) + 1} \tag{1}$$

где:

$\tau = RC$

k — коэффициент обратной связи.

Выражение (1) иногда имеет несколько другой вид, а именно:

$$G(s) = \frac{1}{\left(\frac{s}{\omega_0}\right)^2 + \frac{1}{\omega_0 Q} S + 1} \tag{2}$$

[1]) Adress: ul. Dorodna 16, 03-195 Warszawa, Poland

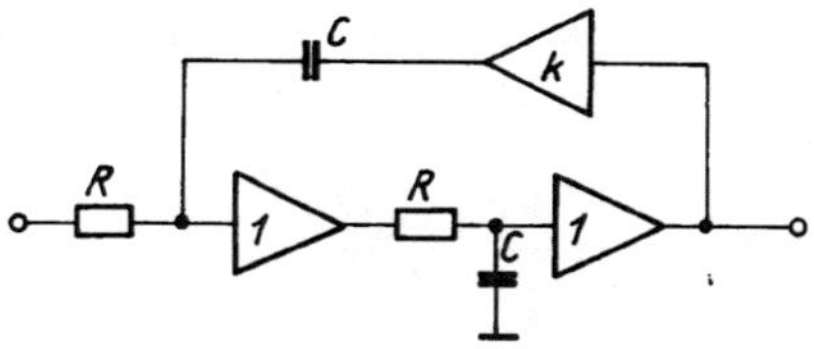

Рис. 1. Схема активного фильтра второго порядка

где параметры уравнения (1) можно записать как:

$$\omega_0 = \frac{1}{\tau}$$

$$\frac{1}{Q} = 2 - k$$

что позволяет обобщить результаты представленные ниже на случай других конфигураций схемы активного фильтра второго порядка.

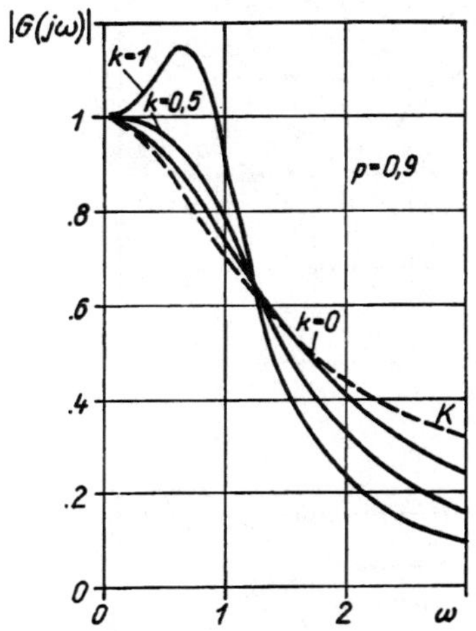

Рис. 2. Кривые передаточной функции фильтра для разных коэффициентов оборотной связи к (К-кривая для однозвенной цепочки)

На рис. 2 представлены кривые передаточной функции фильтров с нормированным временем ответа.

Применяя обратное преобразование Лапласа можно из соотношения (1) получить следующее выражение для ответа фильтра на единичный скачок входного сигнала:

$$h(t) = 1 - \left[\cos\left(\frac{\sqrt{4k - k^2}}{2\tau}\,t\right) + \frac{2 - k}{\sqrt{4k - k^2}}\sin\left(\frac{\sqrt{4k - k^2}}{2\tau}\,t\right)\right]\exp\left(\frac{k - 2}{2\tau}\right) \tag{3}$$

Нормализация времени ответа фильтра при различных коэффициентах обратной связи k заключается в таком подборе постоянных времени τ_1 фильтра, чтобы выходной сигнал достигал величины p после времени T от момента подачи на вход единичного скачка (воздействия). Время T равно времени достижения уровня p на входе однозвеньевой цепи RC с постоянной времени τ.

В табл. 1 приведены значения коэффициентов E для нормировки постоянных времени. Применяя в фильтре постоянную времени $\tau_1 = \tau/E$ получаем время ответа фильтра равное времени ответа однозвеньевой цепи с постоянной времени τ.

На рис. 3 приведены кривые ответа фильтров с нормированным временем ответа T на единичный скачок выходного сигнала, для различных значений коэффициента обратной связи k (на уровне $p = 0{,}9$).

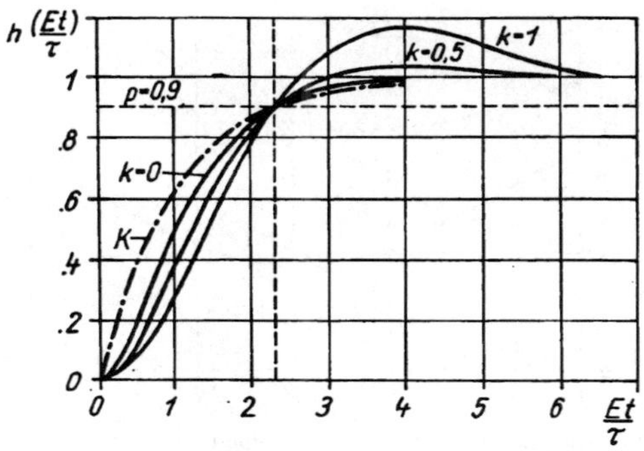

Рис. 3. Семейство нормированных кривых ответа активного фильтра на единичный скачок входного сигнала

3. Дисперсия процесса испытывающего фильтрацию на инерционном филтре второго порядка

Дисперсия σ^2 процесса на выходе активного фильтра для нормированного импульсного входного процесса подчиняющегося распределению Пуассона, определяется по формуле:

$$\sigma^2 = \frac{s^2}{2\pi}\int_{-\infty}^{\infty} G(j\omega)^2\,\mathrm{d}\omega \tag{4}$$

где:

s^2 — коэффициент зависящий от средней частоты и формы импульсов.

Для рассматриваемого случая квадрат модуля спектральной плотности процесса $|G(j\omega)|^2$ определяется соотношением:

$$|G(j\omega)|^2 = \frac{\left(\frac{E}{\tau}\right)^4}{\omega^4 + \omega^2\left(\frac{E}{\tau}\right)^2(k^2 - 4k + 2) + \left(\frac{E}{\tau}\right)^4} \tag{5}$$

Табл. 1. Значения коэффицентов E нормировки постоянных времени активного фильтра второго порядка

	k										
p	0	0,1	0,2	0,3	0,4	0,5	0,6	0,7	0,8	0,9	1,0
0,8	1,8604	1,7695	1,6830	1,6014	1,5250	1,4538	1,3880	1,3272	1,2711	1,2195	1,1719
0,85	1,7776	1,6797	1,5865	1,4989	1,4174	1,3424	1,2737	1,2111	1,1541	1,1022	1,0549
0,9	1,6893	1,5816	1,4790	1,3829	1,2946	1,2146	1,1426	1,0783	1,0208	0,9693	1,9232
0,95	1,5835	1,4593	1,3400	1,2292	1,1300	1,0431	0,9679	0,9031	0,8469	0,7981	0,7553

Подставляя (5) в (4) и интегрируя получается выражение

$$\sigma^2 = \sigma_i^2 \frac{2}{E - k} \tag{6}$$

где:

$\sigma_i^2 = \dfrac{s^2}{2\tau}$ — дисперсия процесса испытывающего фильтрацию на инерционной однозвеньевой цепи первого порядка с постоянной времени τ.

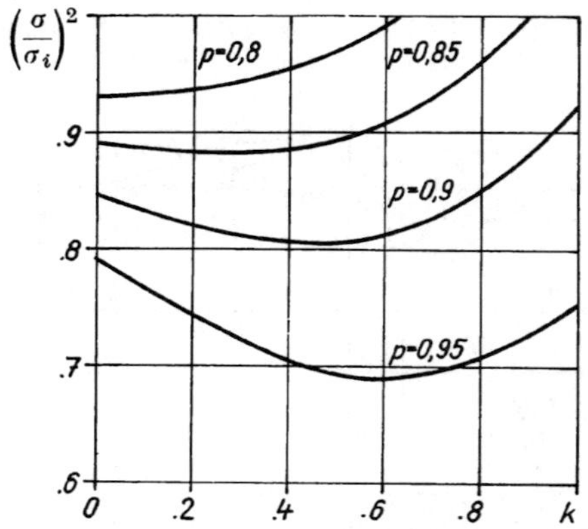

Рис. 4. Зависимость относительной дисперсии выходного сигнала от коэффициента оборотной связи к

На рис. 4 приведены кривые зависимости относительной дисперсии $(\sigma/\sigma_i)^2$ от коэффициента k при нормированном времени ответа T.

4. Средняя частота флюктуационных выбросов на выходе активного фильтра

Средняя частота флюктуационных выбросов выходного процесса после фильтрации на активном фильтре может быть расчитана по формуле [2]

$$N = \frac{1}{2\pi} \sqrt{-R_0''} \exp\left[-\frac{1}{2}\left(\frac{\varepsilon}{\sigma}\right)^2\right] \tag{7}$$

где:

R_0'' — вторая производная автокореляцонной функци процесса; $R''(\delta) = 0$ для $\delta = 0$,

ε/δ — относительный уровень дискриминации флюктуационных выбросов,

σ^2 — дисперсия процесса.

Вторая производная автокореляцонной функции дается формулой [2]:

$$R_0'' = -\frac{1}{2\pi\sigma^2} \int_{-\infty}^{\infty} \omega^2 W(\omega)\, d\omega \tag{8}$$

где:

$W(\omega)$ — спектральная плотность мощности процесса.

Для ,,белого,, входного процесса подлежащего фильтрации на схеме фильтра с передаточной функцией $G(j\omega)$ формула (8) принимает вид:

$$R_0'' = -\frac{1}{2\pi\sigma^1} \int_{-\infty}^{\infty} \omega^2 |G(j\omega)|^2\, d\omega \tag{8a}$$

Подставляя (5) в формулу (8a) и выполяя интегрирование с учетом (6) получаем после подстановки результата в (7):

$$N = \frac{E}{\tau} \exp\left[-\frac{1}{2}\left(\frac{\varepsilon}{\sigma_i}\right)^2 \left(\frac{\sigma_i}{\sigma}\right)^2\right] \tag{9}$$

По формуле (9) была определена средняя частота флюктуационных выбросов активного фильтра второго порядка.

На рис. 5 показаны зависимости относительной частоты флюктуационных выбросов от величины коэффициента обратной связи k. Частота выбросов определена по отношению к частоте достигаемой при $k = 0$.

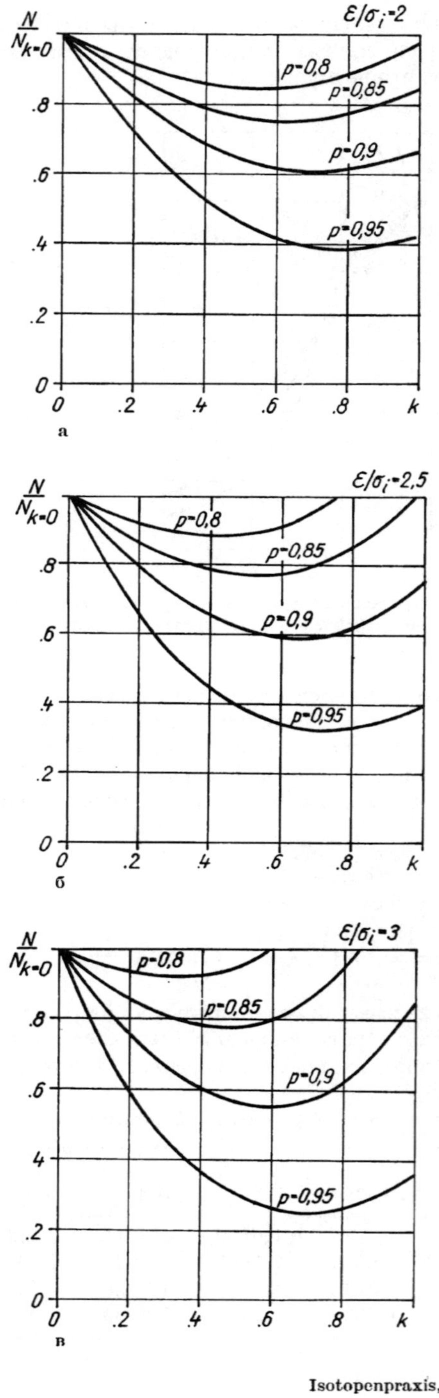

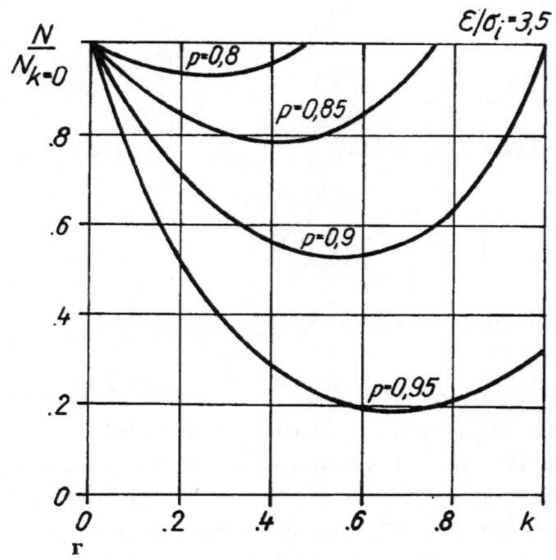

Рис. 5. Кривые зависимости относительной частоты флюктуации для разных значении уровней дискриминации флюктуационных выбросов

а — для $\varepsilon/\delta_i = 2$; б — для $\varepsilon/\delta_i = 2{,}5$; в — для $\varepsilon/\delta_i = 3$; г — для 3,5

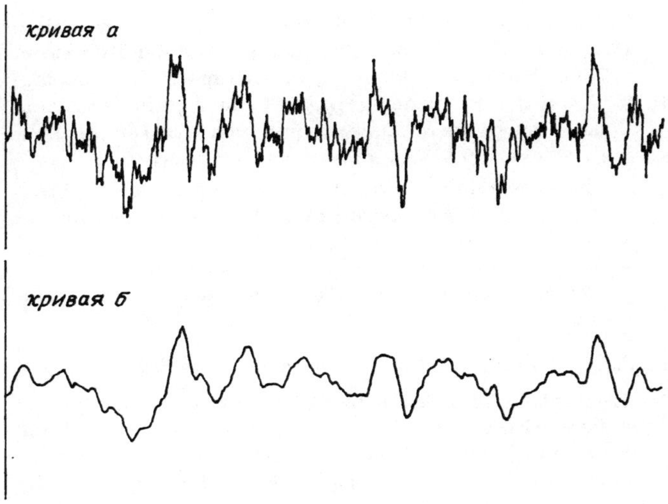

Рис. 6. Подавление флюктуационных выбросов

а — однозвенной *RC* цепочкой; б — активным фильтром второго порядка (0,73)

Эффект подавления флюктуационных выбросов активным фильтром второго порядка наглядно представлен на гистограмме радиометрического процесса. Рис. 6а соответствует процессу профильтрованному однозвеньевой *RC* — цепочкой, а рис. 6б — процессу профильтрованному активным фильтром второго порядка обладающим аналогичным временем ответа.

5. Выводы

Результраты расчетов показывают (рис. 4), что если величину дисперсий считать мерой фильтрации, применение активных фильтров лишь в небольшой степени улучшает динамические характеристики радиометрических приборов. Лучшие результаты получаются для фильтров с коэффициентом обратной связи $k \cong 0{,}6$, причем подбор разных значений k не оказывает существенного влияния.

По данным представленным на рис. 5 можно прийти к выводу, что с точки зрения получаемой частоты флюктуационных выбросов, тоже следует применять аналогичные коэффициенты k. В случае активного фильтра второго порядка с $k \cong 0{,}7$ можно для $p = 0{,}95$ получить около пятикратное уменьшение частоты флюктуаций, что может оказаться существенным достижением.

Как подчеркивается в работе [1], обеспечение фильтрации отбрасывающей флюктуационные выбросы радиометрического процесса, позволяет улучшить параметры промышленных радиоизотопных приборов непрерывного действия, и особенно таких, в которых применяется схема с двумя постоянными времени [3]. Полученные результаты и простота схемы активного фильтра второго порядка позволяют утверждать, что этот фильтр можно успешно применять в радиоизотопных приборах непрерывного действия.

Следует отметить, что поскольку настоящий анализ проведен для входного импульсного процесса с белым спектром, полученные результаты и сделанные выводы не распространяются на случай радиоизотопных устройств обладающих большим мертвым временем (напр. радйоизотопные реле серии UPR).

Поступила в редакцию 16/XII, 1981

Литератур

[1] *L. Gasiorowski, T. Kwasniewski*, Int. INR Raport 33/XVA/78
[2] *В. И. Тихонов*, Статистическая радиотехника, Советское радио, Москва 1966
[3] *L. Gasiorowski, T. Kwasniewski*, Isotopenpraxis 17 (1981) 8/9

Optimierung der Darstellung von ^{111}In-Oxinat zur Markierung von Thrombozyten und Leukozyten

P. Kleinert, G. Endert, E. Penzel, E. Preu

(Radiologische Klinik und Poliklinik[1]) und Medizinische Klinik der Medizinischen Akademie Erfurt)

Bei der Darstellung von Indiumoxinat aus Indiumchlorid und 8-Hydroxychinolin kann es bei Anwesenheit geringster Mengen von Schwermetallverunreinigungen ($> 2 \times 10^{-6}$ g) zu einer kompetitiven Hemmung der Oxinatbildung kommen. Die dadurch erforderliche Erhöhung der Oxinmenge führt zu einer abnehmenden Stabilität der damit markierten Thrombozyten bzw. Leukozyten. Es wird eine optimierte Methode zur Reinigung des Indiumchlorids mittels Ionenaustauscherchromatographie beschrieben, die eine Abtrennung aller störenden Fremdionen bei einem minimalen zeitlichen und apparativen Aufwand ermöglicht.

Keywords

blood platelets; chlorine complexes; indium 111; ion exchange; leukocytes; radioisotope generators

1. Einleitung

Der Einsatz von In-Oxinat zur Markierung von Thrombozyten und Leukozyten hat in den letzten Jahren auf Grund entscheidender Vorteile gegenüber der bisher üblichen Markierung mit ^{51}Cr-Natriumchromat und wegen eines umfangreichen Anwendungsgebietes dieser markierten Blutelemente neben dem In-Acetylaceton [1] eine sehr starke Verbreitung gefunden [2, 3, 9, 12, 14–16].

In-Oxinat kann auf einfache Weise durch Reaktion von Indiumchlorid mit 8-Hydroxychinolin (Oxin) bei einem *p*H-Wert von 5–6 dargestellt werden. Infolge der Vielzahl von Kationen, die mit Oxin ebenfalls schwerlösliche Oxinate bilden und der niedrigen Konzentration des trägerfreien In kann es dabei bei Vorhandensein von nur geringen Mengen an Fremdionen zu einer kompetitiven Hemmung bei der Indiumoxinatbildung kommen, die einen höheren Oxineinsatz erfordert. Eine Erhöhung der Oxinmenge ist jedoch nur begrenzt möglich, da die in vitro- und in vivo-Stabilität der markierten Blutelemente mit steigender Oxinkonzentration stark abnimmt [6–8, 10, 11, 13].

Ziel der vorliegenden Arbeit ist es, alle in Indiumlösungen vorhandenen störenden Kationen abzutrennen, um die zur Indiumoxinatbildung notwendige Oxinmenge auf ein Minimum zu reduzieren. Dabei soll der apparative und zeitliche Aufwand möglichst gering sein, wobei die Abtrennung des Indiums nach Bildung eines Chlorokomplexes über einen Anionenaustauscher erfolgen kann [3].

2. Material und Methoden

2.1. *Abtrennung des Indiumchlorid mittels Ionenaustauscher*

Als Austauschersäule wird der Zylinder einer 5-ml-Einmalspritze (12 mm Durchmesser, 60 mm Länge) mit einem Siebeinsatz aus einer gelochten Polypropylenscheibe verwendet. Die Säule wird mit 6 ml Anionenaustauscher Wofatit SBW rein, Korngröße 0,3–1,2 mm, gefüllt. Nach Äquilibrierung der Säule mit 30 ml Salzsäure (0,3–2,0 mol/l) wird sie mit 10 ml der zu reinigenden Indiumchloridlösung (0,3–2,0 mol HCl/l) beschickt und anschließend mit 20 ml Salzsäure (0,05–0,25 mol/l) eluiert. Die gereinigte Lösung wird zur Trockne eingedampft und der Rückstand in 1,0 ml Salzsäure (0,05 mol/l) aufgenommen. In Abhängigkeit von der HCl-Konzentration beim Äquilibrieren und Beladen sowie beim Eluieren und von der Durchlaufgeschwindigkeit (0,3–3,0 ml/min) wurden bestimmt:

- die abgetrennten Fremdionen in den einzelnen Fraktionen durch Atomabsorptionsspektrophotometrie
- das Elutionsprofil des abgetrennten Indium
- der Aktivitätsverlust während der Reinigung
- der zeitliche Aufwand für die gesamte Chromatographie.

2.2. *Bestimmung des extrahierbaren Anteiles*

Als Kontrolle des säulenchromatographischen Reinigungseffektes wird der in Chloroform extrahierbare Anteil des in der Lösung gebildeten Indiumoxinates bei einer minimalen Oxinkonzentration von 50 µg bestimmt. Für diese Prüfung werden zu 1,0 ml der gereinigten salzsauren $InCl_3$-Lsg. (0,05 mol/l) eine 50 µg Oxin entsprechende Menge an Oxinsulfatlösung zugesetzt. Zur Einstellung des für die Indiumoxinatbildung günstigsten *p*H-Wertes von 5,2–5,5 sind 0,1 ml Natriumacetatlösung (3,0 mol/l) zuzugeben. Nach Zusatz von 0,2 ml Chloroform und 3minütigem Schütteln wird der extrahierbare Anteil des In durch Aktivitätsbestimmung ermittelt. Als Referenzlösung für ein von Fremdionen weitgehend freies $InCl_3$-Präparat wurde das Eluat eines ^{113}Sn/^{113m}In-Generators, der 2 Stunden vor der Elution dreimal mit je 10 ml Salzsäure (0,05 mol/l) gespült wurde, verwendet [5].

2.3. *Einfluß von Fe^{3+} auf extrahierbaren Anteil*

Durch Zugabe definierter Mengen Fe(III)-Ionen im Bereich von 1–10 µg/10 ml Referenzlösung wurde dessen Einfluß auf den extrahierbaren Anteil untersucht.

2.4. *Erprobung der Methode an drei verschiedenen $InCl_3$-Präparaten*

Es wurde der extrahierbare Anteil von

- $^{113m}InCl_3$ (Generatoreluat)
- $^{111}InCl_3$ (Radiochemical Centre Amersham) sowie
- $^{111}InCl_3$ (dargestellt aus einem handelsüblichen ^{111}In-Kolloid durch Umsetzen mit Salzsäure)

vor und nach der Reinigung ermittelt.

[1]) Anschrift: DDR-5060 Erfurt, Nordhäuser Str. 74

3. Ergebnisse

Wie aus Abb. 1 zu ersehen ist, bewirken schon Mengen über 2 µg Fe in der Indiumchloridlösung bei einer Oxinmenge von 50 µg einen Abfall des extrahierbaren Anteiles, der bei 10 µg Fe nur noch 20% beträgt. Eine Verunreinigung mit 10 µg Eisen würde eine Erhöhung der notwendigen Oxinmenge um mehr als das Doppelte von 50 µg auf 120 µg erforderlich machen, um den ursprünglichen extrahierbaren Anteil von 95% zu erreichen.

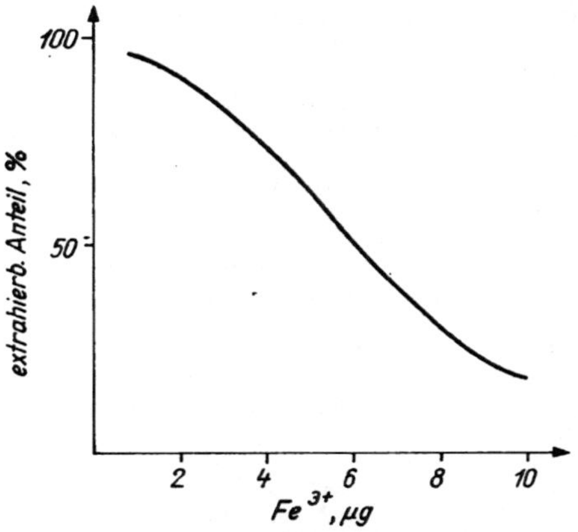

Abb. 1. Einfluß von Fe(III)-Ionen auf extrahierbaren Anteil an Indiumoxinat bei Anwendung von 50 µg Oxin

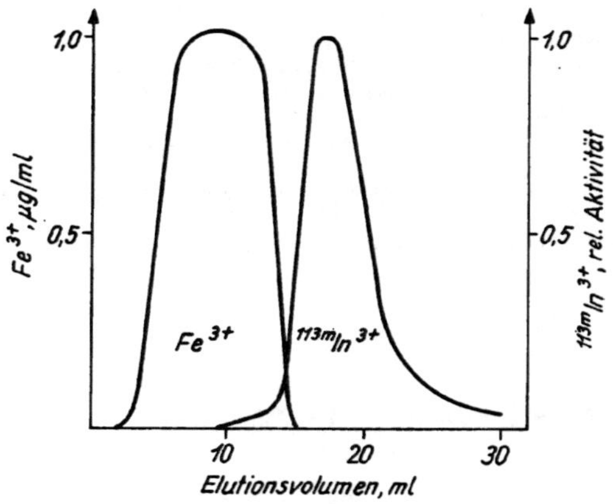

Abb. 2. Elutionscharakteristik einer Fe(III)-Ionen haltigen $^{113m}InCl_3$-Lösung bei der säulenchromatographischen Reinigung über Wofatit SBW

Abb. 2 zeigt die Elutionscharakteristik von 10 ml 10 µg Fe^{3+} enthaltender $^{113m}InCl_3$-Lösung unter experimentell optimierten Bedingungen. Dazu wurde die mit 6 ml Wofatit SBW beschickte Säule bei einer Acididät von 0,6 mol HCl/l äquilibriert und beladen und mit 0,12 mol HCl/l eluiert. Beim Äquilibrieren wurde ein Durchfluß von 2,0 ml/min, beim Beladen der Säule von 0,5 ml/min und beim Eluieren von 1,0 ml/min eingehalten. Unter vorgenannten Bedingungen läßt sich das Reinigungsverfahren in maximal 60 min durchführen, wobei 97% der vorhandenen Fe(III)-Ionen abgetrennt werden. Der extrahierbare Anteil steigt dadurch von 20% auf 93%. Der während der Chromatographie auftretende Aktivitätsverlust an Indium beträgt ca. 10%, die sich in etwa gleichen Anteilen in der Fe(III)-Ionen enthaltenden Fraktion befinden bzw. als nicht eluierbarer Anteil auf der Säule verbleiben. Bei einer Lieferform des ^{111}In von 40 MBq/10 ml Lösung liegen nach der Chromatographie ca. 35 MBq ^{111}In-Oxinat/mg Lösung mit 50 µg Oxin vor.

Durch die Reinigung von drei verschiedenen Indiumchloridpräparaten nach unserer optimierten Methode gelang es, den extrahierbaren Anteil in allen Fällen auf über 90% zu erhöhen (Tab. 1). Die in dieser Tabelle ausgewiesenen unterschiedlichen Prozentanteile des extrahierbaren Anteiles vor der Reinigung sind bei den beiden ^{111}In-Präparaten chargenbedingt und beim $^{113m}InCl_3$ von der Standzeit zur vorhergehenden Elution abhängig. Wir konnten feststellen, daß der Gehalt an Fe(III)-Ionen im Eluat eines gleichen Generators standzeitabhängig im Bereich von 0,3 – 6,0 µg Fe^{3+}/10 ml liegen kann.

Tab. 1. Extrahierbarer Anteil von drei verschiedenen Indiumchloridpräparaten vor und nach der Säulenchromatographie

Präparat	vor Reinigung	nach Reinigung
$^{113m}InCl_3$ (Generator)	53 – 94%	93 – 98%
$^{111}InCl_3$ (Amersham)	88 – 94%	94 – 97%
$^{111}InCl_3$ (Kolloid)	35 – 85%	91 – 95%

4. Diskussion

Die Optimierung der säulenchromatographischen Methode erfolgte unter der Zielstellung

— einer weitgehenden Abtrennung aller oxinbildenden Kationen
— eines geringen Aktivitätsverlustes während des Reinigungsprozesses
— eines zeitlich geringen Arbeitsaufwandes
— eines geringen Volumens des einzudampfenden gereinigten Eluates.

Nachfolgend wird erörtert, inwieweit Abweichungen von den drei optimierten Parametern — Acidität beim Beladen, Acidität beim Eluieren, Durchfluß — die erhaltenen Ergebnisse ungünstig beeinflussen.

4.1. *Variierung der Acidität beim Beladen*

Eine Erhöhung der Acidität bewirkt eine unvollständige Abtrennung des Eisens. Bei Ansteigen der Salzsäurekonzentration von 0,6 auf 2,0 mol/l sinkt die Abtrennbarkeit der Fe(III)-Ionen von 97% auf 40%. Bei einer Erniedrigung der Acidität vergrößert sich der Aktivitätsverlust an In in der Fe(III)-Ionen enthaltenden Fraktion. Eine Verringerung der HCl-Konzentration von 0,6 auf 0,3 mol/l bewirkt einen Anstieg dieses Aktivitätsverlustes von 5% auf 20%. Beide Effekte werden durch den voneinander abweichenden Verteilungskoeffizient der beiden Chlorokomplexe bei unterschiedlicher HCl-Konzentration bewirkt [4].

4.2. *Variierung der Acidität beim Eluieren*

Beim Erhöhen der Salzsäurekonzentration verbreitert sich der Indiumpeak der Elutionscharakteristik. Bei Erhöhung von 0,12 auf 0,25 mol HCl/l steigt dadurch das Elutionsvolumen für Indium von 10 ml auf 20 ml an. Bei einer Erniedrigung der Salzsäurekonzentration vergrößert sich der von der Säule nicht eluierbare Anteil an Indium. Bei einer Verringerung von 0,12 auf 0,05 mol HCl/l steigt dieser Aktivitätsverlust von 5% auf 12%.

4.3. *Variierung der Durchflußgeschwindigkeit*

Der Einsatz eines Ionenaustauschers mit relativ hoher Korngröße (0,3—1,2 mm) ermöglicht die Einstellung unterschiedlicher Durchflußgeschwindigkeiten während der einzelnen Phasen der Chromatographie im Hinblick auf einen möglichst geringen Zeitaufwand für die gesamte Trennung.

— Beim Äquilibrieren der Säule kann der Durchfluß bis auf 2—3 ml/min eingestellt werden.
— Beim Beladen zeigt sich ein Optimum bei 0,5 ml/min. Bei einer Erhöhung auf 1,0 ml/min steigt der Verlust an In in der Fe(III)-Ionen haltigen Fraktion von 6% auf 18%, und es werden nur noch 85% anstelle 97% der vorhandenen Eisen(III)-Ionen abgetrennt. Eine Verringerung des Durchflusses von 0,5 auf 0,3 ml/min bringt keine wesentliche Verbesserung der Elutionscharakteristik, verlängert jedoch die Chromatographiezeit bereits erheblich.
— Für das Eluieren der Säule kann der Durchfluß von 0,5 bis auf 1,0 ml/min ohne nachteilige Beeinflussung der Elutionscharakteristik erhöht werden.

Außer Fe(III)-Ionen können in den $^{111}InCl_3$-Lösungen an weiteren störenden Kationen Cd, Pb, Ag, Cu und Zn vorkommen [3, 14]. Die von uns angewandten Salzsäurekonzentrationen beim Beladen und Eluieren der Säule gewährleisten gleichzeitig eine scharfe Abtrennung vorgenannter Kationen aus der Indiumchloridlösung [4].

Bei der Darstellung von ^{111}Indiumchlorid aus ^{111}Indiumkolloid konnten bei der chromatographischen Reinigung neben der Trägersubstanz Gadolinium (1 µg/ml) auch von der als Schutzkolloid zugesetzten Gelatine (10 mg/ml) 99,5% abgetrennt werden.

Die von uns optimierte säulenchromatographische Reinigungsmethode gewährleistet, daß bei der Darstellung von Indiumoxinat eine Minimalmenge an Oxin ausreicht. Neben der dadurch erreichten höheren Stabilität der markierten zellulären Blutelemente wird eine mögliche toxische Wirkung der aus den Verunreinigungen gebildeten Schwermetalloxinate auf die zellulären Funktionen vermieden.

Eingegangen am 16. 12. 1981

Literatur

[1] *P. Georgi, H. Sinn, H. Wellmann, J. H. Clorius, W. Becker*, Clinical application of ^{111}In-acetylacetone labelled blood cells International symposium on medical radionuclide imaging Heidelberg 1980, IAEA — SM — 247/39
[2] *D. A. Goodwin*, J. Nucl. Med. 19 (1978) 557
[3] *D. A. Goodwin, J. T. Bushberg, P. W. Doherty*, J. Nucl. Med. 19 (1978) 662
[4] *K. A. Kraus, F. Nelson*, Symposium on ione exchange and chromatography in analytical chemistry, ASTM Philadelphia 1958
[5] *P. Langner, P. Kleinert*, Isotopenpraxis 17 (1981) 313
[6] *M. G. Lötter, P. N. Badenhorst, A. duP Heyns*, J. Nucl. Med. 21 (1980) 36
[7] *C. J. Mathias, M. J. Welch*, J. Nucl. Med. 20 (1979) 659
[8] *E. A. van Royen, J. B. van der School, M. R. Hardemann*, Use of indium-111-oxinate labelled granulocytes and thrombocytes in kidney transplantation; International symposium on medical radionuclide imaging, Heidelberg 1980, IAEA — SM — 247/129
[9] *U. Scheffel, P. A. McIntyre*, J. Nucl. Med. 19 (1978) 671
[10] *U. Scheffel, M. F. Tsan, P. A. McIntyre*, J. Nucl. Med. 20 (1979) 524
[11] *A. W. Segal, P. Deteix, R. Garcia, P. Tooth*, J. Nucl. Med. 19 (1978) 1328
[12] *H. Sinzinger, P. Angelberger, H. Kolbe, H. Ludwig, J. Zolle*, Methodological study of In-111-oxine human platelet and leucocyte labeling. Poster 3. Intern. Symp. Radiopharm. Chem. St. Louis 1980
[13] *M. L. Thakur, A. W. Segal, L. Louis, M. Welch*, J. Nucl. Med. 18 (1977) 1020
[14] *M. L. Thakur, R. E. Coleman, M. J. Welch*, J. Lab. Clin. Med. 89 (1977) 217
[15] *M. J. Welch, C. J. Mathias, H. H. Davis, W. A. Heaton*, J. Nucl. Med. 19 (1978) 688
[16] *B. Zakhireh, M. L. Thakur, H. L. Maleck, M. S. Cohen*, J. Nucl. Med. 20 (1979) 741

^{99m}Tc-Labelled Compounds Prepared with Ti(III) as Reducing Agent

M. Kalinčák[1], *V. Macháň*[1], *Š. Vilček*[2]

([1]) Institute of Radioecology and Applied Nuclear Techniques, Košice, Czechoslovakia;
[2]) Department of Infectology, University of Veterinary Medicine, Košice)

In preparation of ^{99m}Tc-labelled compounds it is possible to use $TiCl_3$ instead of $SnCl_2$; in most cases, however, this substitution changes the biodistribution parameters. The preparations have then a slower blood clearence, being cumulated in bones in larger amounts; bone diagnostics (HEDSPA and pyrophosphate) are opposite cases. This fact makes itself felt in ^{99m}Tc-Ti-gluconate which, in its turn, loses the character of kidney agent cumulating, in a marked way, in bones. From diagnostic point of view, the ^{99m}Tc-Ti-labelled compounds possess, in most cases, worse parameters as compared with those prepared by means of tin dichloride. Preparation of technetium-labelled compounds requires inert nitrogen atmosphere. Time stability of these preparations within 24 hours is good a whole.

Keywords

chemical preparation; radiochemistry; technetium 99*m*; technetium compounds

1. Introduction

For preparation of ^{99m}Tc-labelled compounds the starting product is technetium in form of $^{99m}TcO_4^-$ ions. As this form of the heptavalent technetium cannot be complexed, it is reduced to lower oxidation state.

Various reducing agents, of both organic and inorganic provenience, are used to reduce Tc(VII) [1]. Though more reducing agents have so far been tested for the purpose, Sn(II) [2] does remain the most used one.

In our preceding papers we used chromium(II) [3] and sodium dithionite [4] to reduce technetium in preparation of ^{99m}Tc-labelled compounds.

[1]) Address: Komenského 9, P.O. Box A-41, 040 61 Košice, ČSSR

The present paper offers a survey of the results obtained with Ti(III) used as reducing agent. The application of Ti(III) ions to reduce pertechnetate is not a new idea [5]. Sporadically, Ti(III) was employed also in preparation of some Tc-compounds, e.g. ^{99m}Tc-citrate, ^{99m}Tc-lactic acid, ^{99m}Tc-hexametaphosphate [6] and ^{99m}Tc-DTPA [7].

2. Materials and Methods

To label compounds with ^{99m}Tc following compounds were used:

HEDSPA: 1-hydroxy-ethylidene-1,1-disodium phosphonate (synthetised in the University of Chemical Technology Pardubice, Czechoslovakia)
Sodium pyrophosphate-dekahydrate (Lachema, Brno, Czechoslovakia)
Citric acid-monohydrate (Lachema, Brno, Czechoslovakia)
MDP: methylene diphosphoric acid (Sigma, St. Louis, U.S.A.)
EDPA: ethylene diphosphate acid (synthetised in Natural Science Faculty of Caroline University, Prague, Czechoslovakia)
NTA: nitrilotriacetic acid (Lachema, Brno, Czechoslovakia)
Oxalic acid-dihydrate (Lachema, Brno, Czechoslovakia)
Urease (Lachema, Brno, Czechoslovakia)
Trypsin (Lachema, Brno, Czechoslovakia)

2.1. *Preparation of titanium(III) chloride*

For preparation of titanium(III) chloride solution the starting point was $TiCl_3$ solution, commercially supplied (from the USSR), concentration 1·05 mol/l. The solution was diluted before application with 1 mol/l HCl so as to obtain $TiCl_3$ concentration 0·05 mol/l, or it was diluted with distilled water to concentration 0·1 mol/l.

2.2. *The labelling of compounds with technetium-99m*

The labelled compound was dissolved directly in the technetium generator eluate (RCC Amersham, England). After *p*H adjustment and nitrogen bubbling, reducing agent was added to the solution, the *p*H being adjusted to the final value after 10 minutes. After another five minutes, the preparation was filtered through 0·60 μ miliporous filter. Exact amounts of reactants used in preparation of separate ^{99m}Tc-labelled compounds are summarized in Tab. 1.

2.3. *Radiochemical Analysis*

To carry out radiochemical check up of the preparations, ascending paper chromatography was used, paper Whatman No1, development in acetone at 4 °C in nitrogen atmosphere, and using GCS (Gel Chromatography Column Scanning) method [8]. The column, diameter 10 mm, length 280 mm, was packed with Sephadex G-25 Fine (Pharmacia Fine Chemicals, Uppsala, Sweden). Elution was carried out with 10 ml of saline, the column was measured on an automatic measuring unit of the author's own design [9]. At the beginning of the column, a fraction remained of the so-called hydrolyzed reduced technetium. Pertechnetate moved to 70—80 mm distance from the beginning of the column, the chelate fraction progressing from 120—260mm, from the beginning of the column depending upon the labelled compounds. More accurate technical data on analyses were published elsewhere [3, 4, 7].

2.4. *Biological Distribution*

Biological distributions were carried out by applying 0·5 ml of preparations to the tail vein of rats (Wistar species, mass 190—250 grams) without narcosis [3]. At each time interval five rats were used. After the selected time interval had passed, the rats were killed, after a light ether narcosis, by cutting their neck arteries; their inner organs were taken out. As bone sample, femur of the back paw was taken; the stomach was taken together with the contents. More details on measurement are given in our previous papers [3, 4, 7].

Tab. 1. Preparation of ^{99m}Tc-labelled compounds

^{99m}Tc-Ti-labelled compound	compound mg	eluate from Tc-generator ml	addition 1 mol/l HCl ml	0·05 mol/l $TiCl_3$ in 1 mol/l HCl ml	solution to adjusting *p*H ml	resulting *p*H
HEDSPA	10	3	0·2	0·1	0·8 0·2 mol/l Na_2CO_3	5
pyrophosphate	30	3	1·2¹)	0·1²)	0·4 0·05 mol/l Na_2CO_3	4·5
gluconate	50	3	0·2	0·1	0·8 0·2 mol/l Na_2CO_3	6
citrate	50	3	—	0·1	0·4 saturated Na_2CO_3	4·5
EDPA	10	3	—	0·1	2·1 0·05 mol/l Na_2CO_3	4·5
MDP	10	3	0·2	0·1	0·9 2 mol/l Na_2CO_3	5
oxalate	10	3	—	0·1³)	—	1
NTA	10	3	—	0·1⁴)	—	1

¹) 0·1 mol/l HCl
²) solution 0·105 mol/l $TiCl_3$ in H_2O
³) solution 0·01 mol/l $TiCl_3$ in 0·75 mol/l HCl
⁴) solution 0·005 mol/l $TiCl_3$ in 0·75 mol/l HCl

3. Results and Discussion

In order to prepare ^{99m}Tc-labelled compounds the basic $TiCl_3$ was diluted to the desired concentration only shortly before application as Ti(III) is sensitive to oxidation by air oxygen.

Fig. 1 and 2 record GCS methods for separate preparations. It is evident from the pictures that all the preparations exhibit similar recordings and show unambiguously the presence of the chelate fractions. None of the preparations exhibit a component of the hydrolysed reduced technetium. Indications pointing to the presence of free pertechnetate as determined by paper chromatography was as follows: ^{99m}Tc-Ti-HEDSPA 0·6%, ^{99m}Tc-Ti-pyrophosphate 2·0%, ^{99m}Tc-Ti-citrate 0%, ^{99m}Tc-Ti-gluconate 1·7% and ^{99m}Tc-Ti-MDP 4·8%.

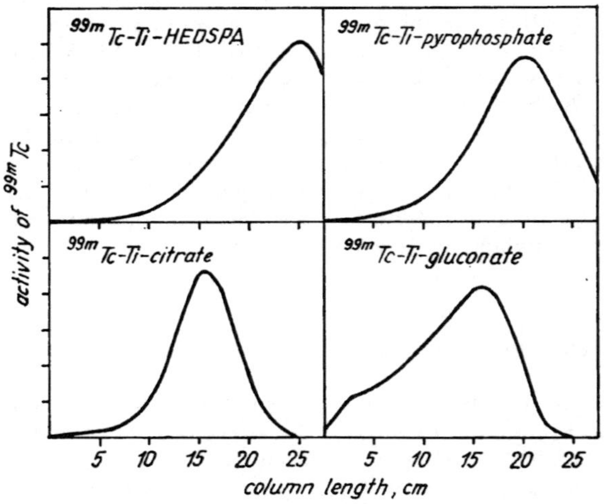

Fig. 1. GCS profiles of ^{99m}Tc-Ti-HEDSPA, ^{99m}Tc-Ti-pyrophosphate, ^{99m}Tc-Ti-citrate and ^{99m}Tc-Ti-gluconate in Sephadex G-25 Fine Column length 280 mm; ⌀ = 11mm; 0.1 ml analyzed compound; elution agent — 10 ml saline

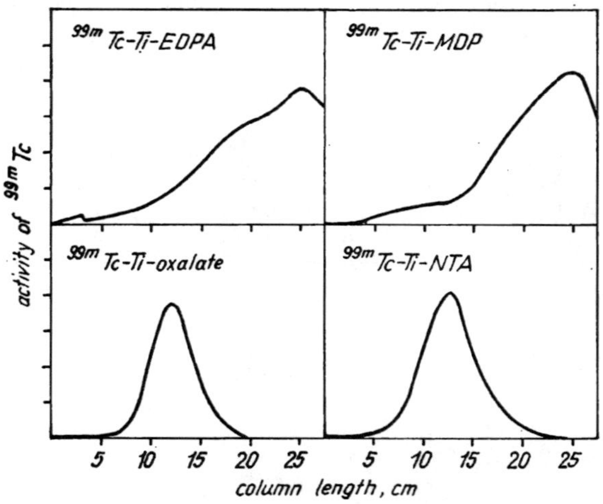

Fig. 2. GCS profiles of ^{99m}Tc-Ti-EDPA, ^{99m}Tc-Ti-MDP, ^{99m}Tc-Ti-oxalate and ^{99m}Tc-Ti-NTA in Sephadex G-25 Fine Column length 280 mm; ⌀ = 10 mm; 0·1 ml analyzed compound; elution agent — 10 ml saline

It is of interest to note that, in developing the ^{99m}Tc-Ti-citrate preparation, free pertechnetate could not be determined by means of paper chromatography in acid preparations (pH ~ 2) as peaks of separate component parts could not be distinguished from each other. The 99*m*-technetium activity was distributed along the whole chromatogram. By adjusting pH towards higher values the phenomenon disappears. The same dependence was observed also in other compounds containing hydroxyl and carboxyl groups [10].

Time stability of the compounds within 24 hours from their preparations, temperature 4 °C and 20 °C, was determined using paper chromatography. All the compounds prepared in our laboratory exhibited good stability, the most stabile being ^{99m}Tc-Ti-citrate which, at 20 °C temperature, did not contain more than 0·4% of free pertechnetate even after 24 hours.

Biological distribution of ^{99m}Tc-Ti-HEDSPA is contained in Tab. 2. The preparation is cumulated in bones reaching maximum level of activity, i.e. 36%, two hours after i.v. application. Levels of activity in other organs show a decreasing tendency with the increasing time interval from i.v. application. The most conspicious decrease of activity is found particularly in blood and in the muscles with 6·4%, or 10·6% amount respectively after 0·5 hour; after 2 hours the amount decreased down to 1·2 or 1·9 per cent respectively. Cumulation in bones is comparable with ^{99m}Tc-Cr-HEDSPA (37%) [3] and lower in comparison with ^{99m}Tc-Sn-HEDSPA preparation (50%) [10, 11]. The amount of activity in the remaining organs is comparable with ^{99m}Tc-Cr-HEDSPA preparation.

Biological distribution of ^{99m}Tc-Ti-pyrophosphate is given in Tab. 2. It follows from the study of distribution that the preparation has a small blood clearance as decrease of activity in the blood from 0·5 hour drops only to 4% out of 12·9% after four hours. The preparation is cumulated in bones reaching maximum level of activity, i.e. 32% after 2 hours from i.v. application, which is comparable with ^{99m}Tc-Cr-pyrophosphate (31%) [3] and, at the same time, considerably less than in ^{99m}Tc-Sn-pyrophosphate (47%) [11]. Unlike ^{99m}Tc-Cr-pyrophosphate and ^{99m}Tc-Sn-pyrophosphate it is cumulated in a marked way in the liver, reaching maximum level of activity, i. e. 40%, in two hours from i.v. application. This high degree of activity in the liver indicates decomposition of the preparation in vivo as the original preparation did not contain any hydrolyzed reduced technetium.

Biological distribution of ^{99m}Tc-Ti-citrate is given in Tab. 3. It follows from the study on distribution of the compound that the preparation is slightly cumulated in kidneys, reaching maximum level of activity, i.e. 7·4% after 4 hours from i.v. application, which is comparable with the maximum levels in ^{99m}Tc-Sn-citrate [10] and ^{99m}Tc-Cr-citrate [3]. The preparation obtained via Ti(III) has, however, a somewhat higher level of activity in bones (maximum activity being 8·6% after 30 minutes from i.v. application) than in preparations obtained via Sn(II) and Cr(II).

Biological distribution of ^{99m}Tc-Ti-gluconate is given in Tab. 3. It is obvious from the levels of activity in separate organs in 2 hours after i.v. application that activity of ^{99m}Tc-Ti-gluconate is cumulated in bones (19·8%), more than in preparations obtained using Sn(II) [10] and Cr(II) [3] (1%, or 12·6% respectively). On the other hand, capture of activity, by the kidneys (5·8%) is essentially lower than in preparations obtained using Sn(II) and Fe(II) (18·6%, or 17·5 %, respectively) [12], but it is comparable with the preparation obtained via chromium (II) (4·6%) [3]. It is obvious from the biological distribution that ^{99m}Tc-Ti-gluconate loses the

Tab. 2. Biological distribution of ^{99m}Tc activity in rats after i.v. application of ^{99m}Tc-Ti-HEDSPA and ^{99m}Tc-Ti-pyrophosphate

	^{99m}Tc-Ti-HEDSPA			^{99m}Tc-Ti-pyrophosphate		
				Time after application, h		
	1	2	4	1	2	4
(a) % dose/organ ± 1 SD						
Blood	4·10 ± 0·82	1·19 ± 0·23	0·52 ± 0.08	9·28 ± 0·79	7·22 ± 0·85	4·04 ± 0·42
Muscle	5·99 ± 1·00	1·87 ± 0·28	0·61 ± 0·14	6·64 ± 1·42	5·87 ± 0·66	4·26 ± 0·30
Liver	0·62 ± 0·08	0·53 ± 0·03	0·49 ± 0·05	36·77 ± 6·18	40·29 ± 4·87	19·35 ± 1·26
Kidneys	1·20 ± 0·15	1·03 ± 0·07	1·72 ± 1·00	3·22 ± 0·35	3·89 ± 0·26	6·00 ± 0·26
Lungs	0·38 ± 0·06	0·16 ± 0·02	0·07 ± 0·01	0·48 ± 0·03	0·51 ± 0·13	0·31 ± 0·04
Stomach*)	0·24 ± 0·04	6·12 ± 2·38	0·63 ± 0·54	1·49 ± 0·23	0·86 ± 0·22	2·06 ± 0·48
Bone**)	25·14 ± 3·34	35·95 ± 4·48	25·92 ± 6·03	32·11 ± 4·02	28·91 ± 6·23	21·98 ± 2·84
(b) % dose/gram tissue ± 1 SD						
Blood	0·35 ± 0·06	0·08 ± 0·04	0·05 ± 0·01	0·68 ± 0·06	0·60 ± 0·10	0·30 ± 0·04
Muscle	0·08 ± 0·02	0·03 ± 0·00	0·01 ± 0·00	0·07 ± 0·01	0·07 ± 0·01	0·05 ± 0·00
Liver	0·12 ± 0·02	0·07 ± 0·02	0·07 ± 0·02	5·43 ± 1·25	7·06 ± 0·94	2·83 ± 0·27
Kidneys	0·99 ± 0·19	0·81 ± 0·03	1·15 ± 0·63	2·90 ± 0·45	2·80 ± 0·12	4·05 ± 0·19
Lungs	0·25 ± 0·04	0·10 ± 0·01	0·06 ± 0·01	0·38 ± 0·03	0·31 ± 0·02	0·20 ± 0·02
Stomach*)	0·09 ± 0·02	2·60 ± 1·06	0·30 ± 0·25	0·61 ± 0·08	0·36 ± 0·09	0·95 ± 0·25
Bone**)	1·32 ± 0·19	2·16 ± 0·31	1·21 ± 0·60	1·39 ± 0·15	1·40 ± 0·28	1·42 ± 0·13

*) And contents
**) Femur of the back paw
Activity levels in brein, heart and spleen are of a hundredth order of percentage

Tab. 2. Biological distribution of ^{99m}Tc activity in rats after i.v. application of ^{99m}Tc-Ti-citrate and ^{99m}Tc-Ti-gluconate

	^{99m}Tc-Ti-citrate			^{99m}Tc-Ti-gluconate
			Time after applichation,	
	1	2	4	2
(a) % dose/organ ± 1 SD				
Blood	2·53 ± 0·30	1·26 ± 0·08	0·55 ± 0·03	1·86 ± 0·66
Muscle	4·72 ± 0·39	2·55 ± 0·20	1·13 ± 0·06	3·19 ± 0·33
Liver	0·64 ± 0·05	0·50 ± 0·04	0·36 ± 0·02	0·70 ± 0·11
Kidneys	5·19 ± 0·18	4·87 ± 0·59	7·36 ± 0·42	5·81 ± 0·29
Lungs	0·38 ± 0·06	0·17 ± 0·01	0·08 ± 0·01	0·19 ± 0·02
Stomach*)	0·33 ± 0·10	0·16 ± 0·02	0·84 ± 0·59	2·61 ± 0·92
Bone**)	7·05 ± 0·44	6·05 ± 0·33	3·07 ± 0·52	19·84 ± 1·15
(b) % dose/gram tissue ± 1 SD				
Blood	0·23 ± 0·03	0·12 ± 0·01	0·05 ± 0·00	0·13 ± 0·01
Muscle	0·07 ± 0·01	0·04 ± 0·00	0·02 ± 0·00	0·03 ± 0·00
Liver	0·09 ± 0·01	0·08 ± 0·01	0·05 ± 0·00	0·07 ± 0·01
Kidneys	3·78 ± 0·16	3·71 ± 0·54	5·54 ± 0·39	3·35 ± 0·11
Lungs	0·17 ± 0·07	0·12 ± 0·01	0·05 ± 0·01	0·13 ± 0·01
Stomach*)	0·10 ± 0·02	0·10 ± 0·02	0·50 ± 0·38	0·71 ± 0·22
Bone**)	0·39 ± 0·02	0·34 ± 0·02	0·18 ± 0·03	0·83 ± 0·05

*) And contents
**) Femur of the back paw
Activity levels in brein, heart and spleen are of s hundreth order of percentage.

character of the kidney agent as compared with ^{99m}Tc-Sn-gluconate.

Besides these compounds, also some other derivates of diphosphonic acid (MDP, EDPA), polycarboxyl acids (oxalic acid, NTA) as well as some enzymes (trypsine, urease) were labelled. Fig. 2 shows a similarity of the GCS recordings of MDP and EDPA, or oxalic acid and NTA, respectively. All these preparations exhibit unambiguously the chelate fraction, only in ^{99m}Tc-Ti-MDP there is indication of free pertechnetate, which was comfirmed also by paper chromatograhy (4·8%). In preparations ^{99m}Tc-Ti-oxalate and ^{99m}Tc-Ti-NTA no final adjustments were carried out to obtain a higher pH value. These preparations had pH about 1.

It is maintained in the existing literature that by ions Ti(III) application Tc-preparations are obtained which exhibit an increased affinity towards bones [6]. Identical preparations, however, obtained using Sn(II) ions, do not exhibit this particular property (unless they are bone pharmaceuticals). As a similar property is also found in preparations obtained using Cr(II) ions [3], we are of opinion that it is due to a different valency of the reduced technetium than in preparations obtained via Sn(II) ions. On the whole, our experimental experience indicates that the valency of the complexed technetium plays an important role in the technetium radiopharmaceuticals.

Experimental prodecures were carried out in the Central Isotope Laboratory, Medical Faculty of the Šafárik's University, Košice, Czechoslovakia.

Received December 9, 1981

References

[1] *S. Vilček, V. Macháň, M. Kalinčák*, Chemické listy **73** (1979) 119

[2] *S. Vilček, V. Macháň, I. Pokorná, M. Kalinčák*, Radioisotopy **18** (1977) 839

[3] *M. Kalinčák, V. Macháň, Š. Vilček*, Int. J. appl. Radiat. Isotopes **32** (1981) 493

[4] *Š. Vilček, M. Kalinčák, V. Macháň*, Nuclear Medicine (in press)

[5] *E. C. Crouthamel*, Analyt. Chem. **29** (1957) 1756

[6] *P. H. Cox*, Br. J. Radiol. **47** (1974) 845

[7] *Š. Vilček, V. Macháň, M. Kalinčák, A. Nicák*, Int. J. appl. Radiat. Isotopes **30** (1979) 673

[8] *R. B. R. Persson, L. Darle*, J. Chromatography **101** (1974) 315

[9] *M. Kalinčák, V. Macháň, Š. Vilček, K. Balkovský*, Radioisotopy **19** (1978) 779

[10] *V. Macháň, Š. Vilček, M. Kalinčák*, Report UPJŠ, Košice 1979

[11] *M. A. Davis, A. G. Jones*, Semin nucl. Med. **6** (1976) 19

[12] *R. E. Boyd, J. Robson, F. C. Hunt, P. J. Sorby, I. R. C. Murray, W. J. McKay*, Brit. J. Radiol. **46** (1973) 604

Dickenmessung von Chromüberzügen mit Hilfe der Röntgenfluoreszenzanalyse

V. Rößiger

(Zentralinstitut für Isotopen- und Strahlenforschung der AdW)[1])

Es wird ein Verfahren zur Messung von Chromschichten (ca. 0,1 ... 2 µm dick) auf beliebigen Unterlagen dargestellt, das auf der Grundlage der Röntgenfluoreszenzanregung mit der Mn-K$_\beta$-Strahlung einer radioaktiven ^{55}Fe-Quelle arbeitet. Zur Kalibrierung dieser einfachen und schnellen Methode benötigt man aber Standardfolien, deren Dicke mit Hilfe der Röntgenfluoreszenzanalyse unter Verwendung einer Röntgenröhre ermittelt wird.

Keywords

calibration standards, chromium; iron 55; layers; nickel; surface coating; thickness gages; X-ray fluorescence analysis; X-ray sources

1. Zielstellung

Dünne Chromschichten ($\sim 1\ \mu$m) dienen zur Oberflächenvergütung von vernickelten Werkstücken. Das analytische Problem besteht darin, die Dicke solcher Auflagen auf unterschiedlichen, teilweise sogar auf aus mehreren chemischen Elementen zusammengesetzten Trägermaterialien zu bestimmen. In dieser Arbeit wird die Röntgenfluoreszenzanalyse (RFA) [1] dazu eingesetzt. Besonders einfach zu handhaben ist diese Methode dann, wenn als Primästrahlung die Mn-K$_\beta$-Röntgenstrahlung einer radioaktiven ^{55}Fe-Quelle benutzt wird.

Gegenüber anderen energiereicheren Strahlenquellen besteht der Vorteil darin, daß lediglich die Chromschicht selbst zur Röntgenfluoreszenz angeregt wird, nicht aber die schwereren Trägermaterialien (z.B. Fe, Ni, Cu). Das Hauptproblem besteht in der Kalibrierung. Erst wenn eine zuverlässige Eichkurve (gemessene Cr-K$_\alpha$-Intensität als Funktion der Chromschichtdicke) vorliegt, lassen sich schnell und sicher die gesuchten Schichtdicken messen. Deshalb ist die s t a n d a r d f r e i e Bestimmung der Chromschichtdicke mit Hilfe der RFA ein wesentlicher Punkt dieser Arbeit (Abschnitt 3). Dabei wird eine Röntgenröhre zur Anregung eingesetzt, und die Intensität der Fluoreszenzstrahlung der Unterlage läßt sich zur Normierung der Spektren verwenden.

2. Bestimmung von Chromschichtdicken mit einer radioaktiven ^{55}Fe-Quelle

Abb. 1 und 2 zeigen die verwendete Meßanordnung sowie ein typisches Röntgenspektrum.

Die der Auswertung leicht zugängliche Intensität der Cr-K$_\alpha$-Fluoreszenzstrahlung $Y_{\text{Cr}-\text{K}_\alpha}$ hängt in folgender Weise mit der Chromschichtdicke x_{Cr} zusammen:

$$Y_{\text{Cr}-\text{K}_\alpha} = C\left(1 - \exp\left(-x_{\text{Cr}}\left(\frac{\mu^0_{\text{Cr}}}{\sin\varphi} + \frac{\mu^{Cr}_{\text{Cr}}}{\sin\psi}\right)\right)\right) \tag{1}$$

Dabei ist C eine Konstante, deren Größe durch die Aktivität und die Geometrie bestimmt wird. Bei den totalen Absorptionsquerschnitten μ charakterisiert der obere Index die Energie (hier also die von Mn-K$_\beta$ und Cr-K$_\alpha$) und der untere das chemische Element. Die Winkel sind in Abb. 1 definiert.

In der Praxis lassen sich aus Intensitätsgründen weder die Primärstrahlung noch die Fluoreszenzstrahlung genügend kollimieren, so daß in Gl. (1) anstatt φ und ψ eine Verteilung von Winkeln eingesetzt werden muß, was zu einer Überlagerung von Exponentialtermen

$$Y_{\text{Cr}-\text{K}_\alpha} = \int_\infty^0 g(\xi)\,(1 - \exp(-\xi x_{\text{Cr}})\,\mathrm{d}\xi) \tag{2}$$

[1]) Anschrift: 7050 Leipzig, Permoserstr. 15

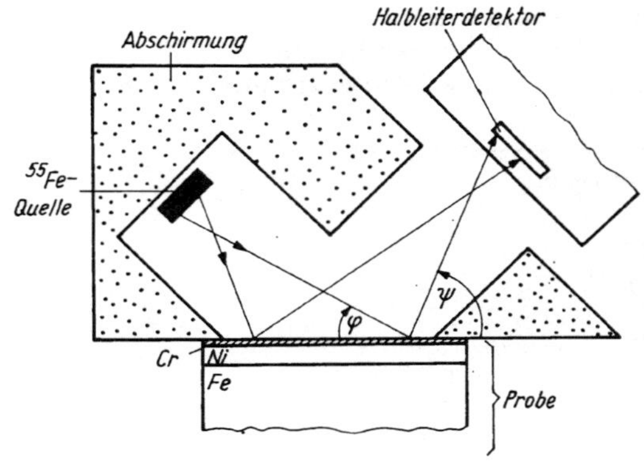

Abb. 1. Schematische Darstellung der Meßanordnung zur Bestimmung von Chromschichtdicken mit radioaktiver Strahlenquelle

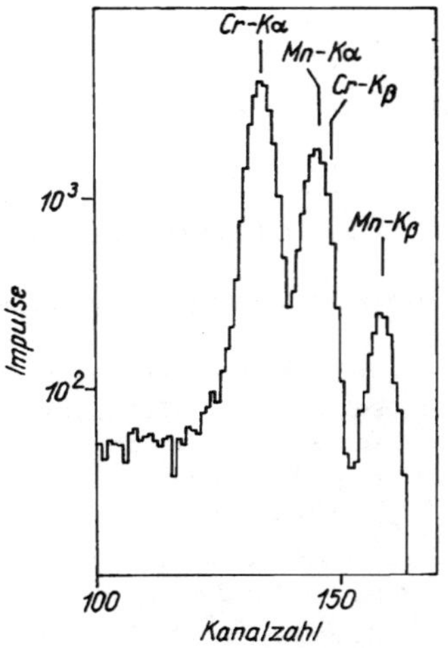

Abb. 2. Röntgenspektrum einer typischen Probe (Nr. 5, vgl. Tab. 1), angeregt mit einer radioaktiven ^{55}Fe-Quelle

führt. Über die Dichtefunktion $g(\xi)$ ist lediglich bekannt, daß sie etwa bei $\xi = \sqrt{2}\,(\mu^0_{\mathrm{Cr}} + \mu^{\mathrm{Cr}}_{\mathrm{Cr}})$,
d. h. $\varphi = \psi = 45°$, ihr Maximum hat. Deshalb soll das Integral in Gl (2) durch eine Linearkombination von zwei Exponentialtermen

$$Y_{\mathrm{Cr-K}\alpha} = C_1(1 - \exp(-\lambda x_{\mathrm{Cr}})) + C_2(1 - \exp(-2\lambda x_{\mathrm{Cr}})) \qquad (3)$$

näherungsweise ersetzt werden, wobei

$$\lambda = 5 \cdot 10^4 \text{ barn} \sim \mu^0_{\mathrm{Cr}} + \mu^{\mathrm{Cr}}_{\mathrm{Cr}}$$

gewählt wird.

Dieses Vorgehen ist analog zur Transmissionskurvenapproximation bei der Dickenmessung [2]. Dort konnte gezeigt werden, daß sich auch stark von der Exponentialform abweichende Kurven mit hinreichender Genauigkeit durch zwei Exponentialterme fitten lassen. Die beiden Faktoren C_1 und C_2 müssen mit Standards bestimmt werden, dabei legt aber schon eine Messung mit einer dicken Chromschicht ($x_{\mathrm{Cr}} \gg 1/\lambda$) die Summe $C_1 + C_2$ fest. Mindestens ein Wert ist aber noch notwendig, um die Kalibrierfunktion Gl. (3) vollständig zu verifizieren. Die Methodik zur standardfreien Bestimmung der Schichtdicken der dann als Etalons verwendbaren Proben behandelt der nächste Abschnitt.

3. Standardfreie Bestimmung von Chromschichten mit der RFA

Zur Eichung und Kontrolle des oben beschriebenen Verfahrens wird die RFA mit einer Röntgenröhre als Strahlenquelle benutzt, um standardfrei, dafür aber mit größerem Aufwand Chromschichtdicken zu messen.

Hier wird infolge der energiereicheren Anregungsstrahlung auch das Trägermaterial, und zwar massives Eisen mit einer bis zu 60 µm dicken Nickelauflage, zur Röntgenfluoreszenz angeregt. Die Ausbeuten dieser Komponenten $Y_{\mathrm{Fe-K}\alpha}$ und $Y_{\mathrm{Ni-K}\alpha}$ dienen zur Normierung des Spektrums, so daß eine Absolutbestimmung der Chromauflage möglich ist.

Das Meßprinzip ist schematisch in Abb. 3 dargestellt. Die Strahlung einer Röntgenröhre mit einer Silberanode wurde mit einem Silberabsorber so weit gefiltert, daß das Maximum des Bremsstrahlkontinuums etwa bei der Energie der charakteristischen K-Strahlung des Silbers liegt. Damit

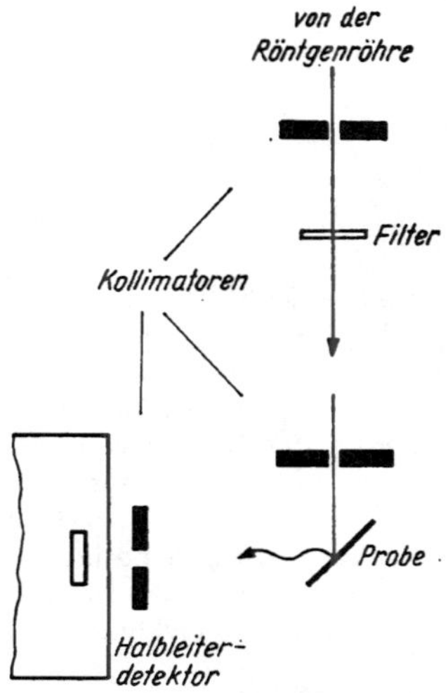

Abb. 3. Meßprinzip zur standardfreien Bestimmung der Chromauflage mit Hilfe der Röntgenfluoreszenzanalyse

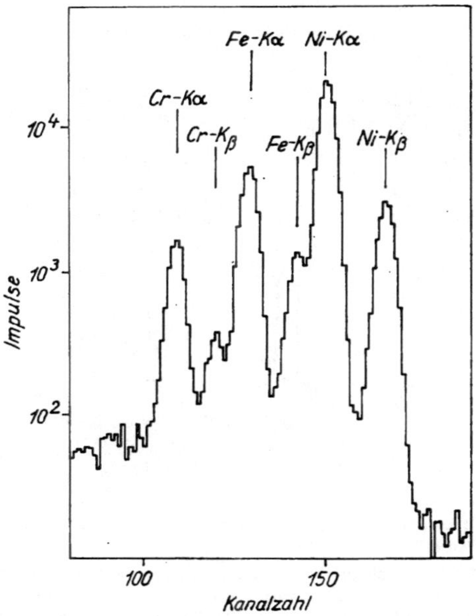

Abb. 4. Röntgenspektrum einer typischen Probe (Nr. 5, vgl. Tab. 1), angeregt mit einer Röntgenröhre mit Ag-Antikatode

Tab. 1. Ergebnisse der Dickenmessung von Chromüberzügen auf einem Eisen-Nickel-Träger mit Hilfe der RFA, wobei verschiedene Anregungsstrahlungen verwendet wurden. Zur Berechnung der vorliegenden Werte wurden die Photoionisationsquerschnitte von *Veigele* [5] und die Fluoreszenzausbeuten von *Krause* [6] benutzt.

Probe Nr.	Ag-K-Anregung (Röntgenröhre)		$Mn-K_\beta$-Anregung (^{55}Fe)	
	$\frac{x_{Ni}\cdot M}{A\cdot\varrho}$ [µm]	$\frac{x_{Cr}\cdot M}{A\cdot\varrho}$ [µm]	$\frac{x'_{Cr}\cdot M}{A\cdot\varrho}$ [µm]	$\frac{x_{Cr}}{x'_{Cr}}$
1	11	0,19	0,22	0,86
2	47	0,38	0,41	0,93
3	0	0,29	0,26	1,11
4	13	0,45	0,50	0,90
5	11	0,62	0,62	1 (Standard)
6	19	0,78	0,79	0,99
7	60	0,30	0,40	0,75
8	33	0,54	0,57	1,08
9	0	0,39	0,40	0,98
10	9	0,79	0,72	1,10
11	33	1,04	0,93	1,12
12	17	1,51	1,40	1,08
13	0	1,04	1,22	0,85

Zur Umrechnung in die Längeneinheit muß x mit $M/A\cdot\varrho$ (M = Atomgewicht, A = Avogadrosche Zahl und ϱ = Dichte) multipliziert werden.

ist die die Rechnung vereinfachende Näherung einer monoenergetischen Anregung (Energie E_0) gerechtfertigt. Im Gegensatz zur Anregung mit einer radioaktiven Quelle gibt es keine Intensitätsprobleme, der Primärstrahl wie auch die Fluoreszenzstrahlung lassen sich hinreichend kollimieren. Abb. 4 zeigt das Röntgenspektrum für eine in diesem Zusammenhang untersuchte Probe (vgl. Tab. 1, Probe Nr. 5). Die einzelnen für die Auswertung benötigten Peakinhalte wurden mit einem Rechenprogramm ermittelt, das in seinen wesentlichen Teilen auf eine Version von *Braune* [3] zurückgeht.

Zur Vereinfachung des folgenden Formalismus wird die Schwächung aller Strahlungskomponenten in der Chromschicht vernachlässigt. In die damit nur für dünne Chromauflagen geltende Theorie lassen sich aber leicht die entprechenden Absorptionseffekte einarbeiten. Abb. 5 zeigt die Hierarchie der Fluoreszenzanregung für die vorliegende Probenstruktur.

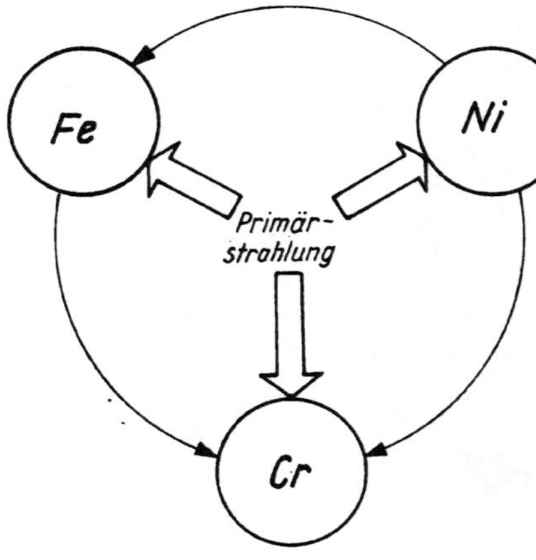

Abb. 5. Schema der Fluoreszenzanregung in den hier untersuchten Cr-Ni-Fe-Proben

Die dicken Pfeile bezeichnen die direkte Anregung durch die Primärstrahlung (Röntgenröhre), die dünnen Pfeile stellen die Interelementaranregung dar. Man beachte, daß die Ni-K-Strahlung direkt und auch indirekt über die Fe-Anregung die charakteristische Strahlung des Cr anregt.

Alle drei Komponenten (Cr, Fe und Ni) werden direkt von der Primärstrahlungsquelle zur Röntgenfluoreszenz angeregt. Die Entsprechenden K_α-Ausbeuten seien mit $Y^0_{Cr-K_\alpha}$, $Y^0_{Fe-K_\alpha}$ und $Y^0_{Ni-K_\alpha}$ bezeichnet.

Darüber hinaus sind die Ni-K-Strahlung und die Fe-K-Strahlung in der Lage, Cr und Fe bzw. nur Cr anzuregen. Die einzelnen Ausbeuteanteile für die K_α-Komponenten werden $Y^{Ni}_{Cr-K_\alpha}$ und $Y^{Ni}_{Fe-K_\alpha}$ bzw. $Y^{Fe}_{Cr-K_\alpha}$ genannt.

Die gesamten K_α-Ausbeuten setzen sich wie folgt zusammen:

$$Y_{Cr-K_\alpha} = Y^0_{Cr-K_\alpha} + Y^{Ni}_{Cr-K_\alpha} + Y^{Fe}_{Cr-K_\alpha}$$

$$Y_{Fe-K_\alpha} = Y^0_{Fe-K_\alpha} + Y^{Ni}_{Fe-K_\alpha} \tag{4}$$

und

$$Y_{Ni-K_\alpha} = Y^0_{Ni-K_\alpha}$$

Für die direkte Fluoreszenzanregung lauten die Ausbeuten je Primärquant der Energie E_0

$$Y^0_{Cr-K_\alpha} = \frac{\Omega}{4\pi}\cdot\varepsilon^{Cr}\cdot\tau^0_{Cr}\cdot\alpha_{Cr}\cdot\omega_{Cr}\sqrt{2}\,x_{Cr} \tag{5}$$

$$Y_{Fe-K_\alpha} = \frac{\Omega}{4\pi}\cdot\varepsilon^{Fe}\cdot\tau^0_{Fe}\cdot\alpha_{Fe}\cdot\omega_{Fe} \times \frac{1}{\mu^0_{Fe}+\mu^{Fe}_{Fe}}\cdot\exp\left(-\sqrt{2}\,x_{Ni}\left(\mu^0_{Ni}+\mu^{Fe}_{Ni}\right)\right) \tag{6}$$

und

$$Y^0_{Ni-K_\alpha} = \frac{\Omega}{4\pi}\cdot\varepsilon^{Ni}\cdot\tau^0_{Ni}\cdot\alpha_{Ni}\cdot\omega_{Ni}\frac{1}{\mu^0_{Ni}+\mu^{Ni}_{Ni}} \times \left(1-\exp\left(-\sqrt{2}\,x_{Ni}\left(\mu^0_{Ni}+\mu^{Ni}_{Ni}\right)\right)\right) \tag{7}$$

Hier bedeuten

Ω der vom Detektor erfaßte Raumwinkel,

ε die Ansprechwahrscheinlichkeit des Detektors,

τ der Photoionisationsquerschnitt,

μ der totale Absorptionsquerschnitt,
α der K_α-Anteil an der gesamten K-Emission
und
ω die Fluoreszenzausbeute.

Die Indizierung erfolgte stets so, daß der untere Index das chemische Element und der obere Index die Energie charakterisiert. So ist beispielsweise μ_{Ni}^{Fe} der totale Absorptionsquerschnitt der Fe-K_α-Strahlung für Ni. Der Faktor $\sqrt{2}$ berücksichtigt die Neigung der Probe 45° relativ zum Primärstrahl (vgl. Abb. 3). Die Interelementaranregung wird im Rahmen dieser Betrachtung näherungsweise durch folgendes Modell beschrieben:

Die gesamte K-Strahlung der betrachteten Komponente i (= Fe oder Ni), welche in der Cr-Schicht oder in der Fe-Unterlage die Anregung bewirkt, ergibt sich mit der gemessenen K_α-Ausbeute Y_i zu

$$\frac{1}{2} \frac{Y_i}{\varepsilon^i \cdot \alpha_i \frac{\Omega}{4\pi}}$$

Die Winkelverteilung dieser Strahlung wird durch eine δ-Verteilung bei 45° approximiert. Die Problematik der annähernden Beschreibung der kontinuierlichen Winkelverteilung durch eine oder zwei Deltafunktionen wird in [4] behandelt. Da in diesem Fall die wirklichen Winkelverteilungen, z.B. die der Ni-K-Strahlung innerhalb der Cr-Schicht, von der Ni-Schichtdicke selbst modifiziert werden, ist eine genauere Beschreibung der vorliegenden Verhältnisse ziemlich aufwendig. Als weitere Näherung wird mit einer monoenergetischen Anregungsstrahlung gerechnet.

Entsprechend dieser Überlegung ergeben sich für die Cr-K_α-Ausbeute aus der Anregung durch die Fe-K- und die Ni-K-Strahlung

$$Y_{Cr-K_\alpha}^{Fe} = \frac{1}{2} Y_{Fe-K_\alpha} \frac{\varepsilon^{Cr}}{\varepsilon^{Fe}} \cdot \frac{\alpha_{Cr}}{\alpha_{Fe}} \cdot \tau_{Cr}^{Fe} \cdot \omega_{Cr} \cdot \sqrt{2}\, x_{Cr} \tag{8}$$

und genau so

$$Y_{Cr-K_\alpha}^{Ni} = \frac{1}{2} Y_{Ni-K_\alpha} \frac{\varepsilon^{Cr}}{\varepsilon^{Ni}} \cdot \frac{\alpha_{Cr}}{\alpha_{Ni}} \cdot \tau_{Cr}^{i} \cdot \omega_{Cr} \sqrt{2}\, x_{Cr} \tag{9}$$

Für die Fluoreszenzanregung der Fe-Unterlage durch die Ni-K-Strahlung erhält man

$$Y_{Fe-K_\alpha}^{Ni} = \frac{1}{2} Y_{Ni-K_\alpha} \frac{\varepsilon^{Fe}}{\varepsilon^{Ni}} \cdot \frac{\alpha_{Fe}}{\alpha_{Ni}} \cdot \tau_{Fe}^{Ni} \cdot \omega_{Fe} \cdot \frac{1}{\mu_{Fe}^{Ni} + \mu_{Fe}^{Fe}} \tag{10}$$

Damit sind alle in den Gln. (4) auftretenden Strahlungskomponenten hinreichend genau bestimmt.

Die Gln. (4) stellen ein Gleichungssystem zur Bestimmung von x_{Cr} (und x_{Ni}) dar. Da aus experimentellen Gründen, vor allem wegen der zeitlichen Instabilität der Primärstrahlenquelle (Röntgenröhre) nur Intensitätsverhältnisse zur Auswertung vorliegen, müssen alle drei Gleichungen herangezogen werden.

Es erscheint an dieser Stelle wenig sinnvoll, die explizite Lösung des Gleichungssystems (4) aufzuschreiben. Sie ergibt sich nach Einsetzen der Gln. (5—10) in die Gln. (4) und nach Bildung der experimentell zugänglichen Intensitätsverhältnisse.

Wichtiger ist vielmehr, die Möglichkeiten zur Kontrolle der Ergebnisse aufzuzeigen. Wesentlich für den Erfolg des Verfahrens ist die Eignung das gewählten einfachen Beschreibung der Interelementanregung. Um das zu prüfen, läßt sich unabhängig von dem hier entwickelten Formalismus (einschließlich der Matrixeffekt-Behandlung) die Ni-Schichtdicke x_{Ni} aus dem Verhältnis

$$r_{\alpha/\beta} = Y_{Fe-K\alpha}/Y_{Fe-K\beta}$$

bestimmen, falls die Cr-Schicht dünn genug ist.
Zwar ist

$$x_{Ni} = \frac{-1}{\sqrt{2} \cdot \Delta\mu} \log \frac{r_{\alpha/\beta}(x_{Ni})}{r_{\alpha/\beta}(0)} \tag{11}$$

wobei $\Delta\mu$ die Differenz der totalen Absorptionsquerschnitte für die Fe-K_α -und K_β-Energie ist. Das K_α/K_β-Verhältnis für abwesende Ni-Schicht $r_{\alpha/\beta}(0)$ ist leicht mit einer massiven Fe-Probe zu bestimmen.

4. Resultate

Die Tab. 1 zeigt die Meßergebnisse von 13 Proben, die mit den beiden hier entwickelten Methoden gewonnen worden sind. Als Standards für das Verfahren mit der Anregung durch eine ^{55}Fe-Quelle diente Probe 5 sowie ein für die Mn-K_β-Strahlung dickes Chromtarget (10 µm).

Man erkennt, daß auch für stark unterschiedliche Nickelschichten (0 ... 60 µm) die Differenzen zwischen beiden Methoden in der Größenordnung von 10% liegen. Der in unterschiedlichster Weise wirkende Matrixeffekt bei der Ag-K-Anregung ist also durch die hier verwendete näherungsweise Beschreibung (Abschnitt 3) im wesentlichen richtig wiedergegeben. Der statistische Fehler von x'_{Cr} (^{55}Fe-Anregung) beträgt für die gewählten experimentellen Bedingungen (Aktivität 3 GBq, Meßzeit 100 s) höchstens 2%, dagegen muß der systematische Fehler bei der hier angewandten Technik zur Ausmessung der Standards mit ca. 10% veranschlagt werden.

Eingegangen am 30. 9. 1981

Literatur

[1] *W. Wilde*, Z. Chem. 7 (1967) 6
[2] *M. Braune, V. Rößiger*, Isotopenpraxis 14 (1978) 22
[3] *M. Braune*, Verfahren zur Auswertung von Röntgenemissionsspektren, unveröffentlicht
[4] *V. Rößiger*, ZfI-Mitteilungen Nr. 52 (1982)
[5] *W. J. Veigele*, Atomic Data Tables 5 (1973) 51
[6] *M. O. Krause, J. H. Oliver*, J. Phys. Chem. Ref. Data 8 (1979) 329

Eine neue Anordnung für radiochemische Spurenkorrosionsmessungen und ihre Anwendung zur Untersuchung des Korrosionsverhaltens thermisch präparierter Iridiumelektroden

W. Moritz, K.-H. Heckner

(Sektion Chemie der Humboldt-Universität zu Berlin)[1])

Eine neue Strömungsanordnung für radiochemische Spurenkorrosionsmessungen wird vorgestellt und in ihrer Funktionsweise erläutert. Mit dieser Apparatur wird die gleichzeitige, kontinuierliche Aufnahme von Strom-Spannungs- und Korrosionsspannungskurven ermöglicht. Die Untersuchungen erfolgten an thermisch präparierten Iridiumelektroden auf Titanunterlage unter Verwendung des Isotops ^{192}*Ir, das durch Neutronenaktivierung der Elektrode erhalten wurde. Die Korrosion nimmt monoton mit der Zeit ab und steigt mit zunehmender anodischer Polarisation der Elektrode an. Die Korrosionsspannungskurven werden für verschiedene Chloridkonzentrationen gemessen, wobei eine Veränderung der Anstiege und ein Maximum der Korrosion bei 0,3 M NaCl gefunden wurde.*

Keywords

chlorides; corrosion; iridium; iridium 192; neutron activation analysis; tracer techniques

Für viele Einsatzzwecke metallischer Werkstoffe besteht die Anforderung nach einer extrem geringen Korrosionsgeschwindigkeit. Unter diesem Aspekt ist auch die Anwendung von Edelmetallen durchaus von Bedeutung, wobei es häufig zweckmäßig ist, die Edelmetallkomponenten in dünner Schicht auf Trägermetalle (Fe, Cu, Ti) aufzubringen. Solche Anwendungen reichen von speziellen Varianten, z.B. in der Medizintechnik, bis zum großtechnischen Einsatz (z.B. als dimensionsstabile Anodenmaterialien in der technischen Elektrolyse). Aufgrund der Schwierigkeiten ihrer spurenanalytischen Erfassung (man benötigt Nachweisgrenzen um 10^{-12} mol/cm³) ist über die Korrosionseigenschaften der Edelmetalle nur sehr wenig bekannt [1], im Gegensatz zu der vielfach untersuchten Korrosion der Eisenmetalle [2]. Nur in wenigen extremen Situationen kann die Korrosion der Edelmetalle auf der Grundlage der Stromdichte oder des Gewichtsverlusts bestimmt werden. Für eine detaillierte Untersuchung sind Methoden mit einer hohen Nachweisempfindlichkeit notwendig. Wenn geeignete Radionuklide des entsprechenden Metalls existieren, bietet sich die Anwendung von Isotopenmethoden an.

In der vorliegenden Arbeit galt es, die Korrosion von thermisch präparierten Ir-Anoden auf Titanunterlage unter den Bedingungen einer Elektrolyse (O_2-Entwicklung, Cl_2-Entwicklung) zu untersuchen. Bei Verwendung von ^{192}Ir ist so eine Nachweisgrenze von 10^{-12} mol ml^{-1} unter den Bedingungen der Korrosionsmessung realisierbar (vgl. Nachweisgrenze der Atomabsorptionsspektroskopie für Ir: 10^{-8} mol ml^{-1} [3]).

Zur radiochemischen Messung der Korrosionsgeschwindigkeit wurden bisher im wesentlichen drei Prinzipien angewandt:

— Messung der Restaktivität der Elektrode zu bestimmten Zeitpunkten (s. z.B. [4])
— Messung der Aktivität der Lösung durch Probennahme aus einem konstanten Elektrolytvolumen [5]
— Messung der Aktivität der Lösung bei kontinuierlichem Elektrolytdurchfluß durch die Zelle und diskontinuierlicher Probensammlung (s. z.B. [6, 7]

Die beiden erstgenannten Methoden haben den Nachteil, daß bei kurzen bzw. langen Untersuchungszeiten die Empfindlichkeit des Differenzmeßprinzips stark abnimmt. Dieser Nachteil wird bei Verwendung von Durchflußapparaturen überwunden. Mit der in dieser Arbeit vorgestellten Apparatur sollte außerdem die Diskontinuität der Korrosionsmessung aufgehoben werden, womit neben einer Automatisierung des Meßvorgangs eine Erweiterung der Meßmöglichkeiten durch Potentialvariationen erreicht wurde.

Korrosionsmeßanordnung

Das Schema der Korrosionsmeßanordnung ist in Abb. 1 dargestellt. Da sowohl der Wechsel des Elektrolyten als auch die Registrierung kontinuierlich erfolgen sollte, mußte eine Durchflußanordnung konstruiert werden. Der Elektrolytzufluß in die Zelle erfolgte getrennt in den Anoden- und Katodenraum über Dosierpumpen Typ DP 2-3. Sowohl der durch Korrosion mit ^{192}Ir angereicherte Anolyt

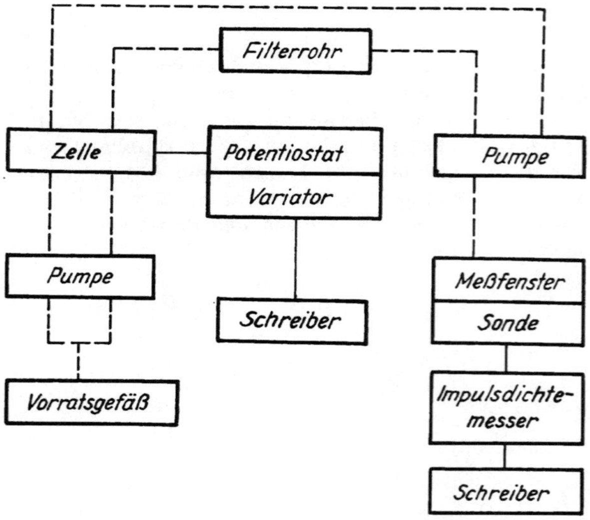

Abb. 1. Schema der Meßapparatur

[1]) Anschrift: DDR-1080 Berlin, Bunsenstr. 1

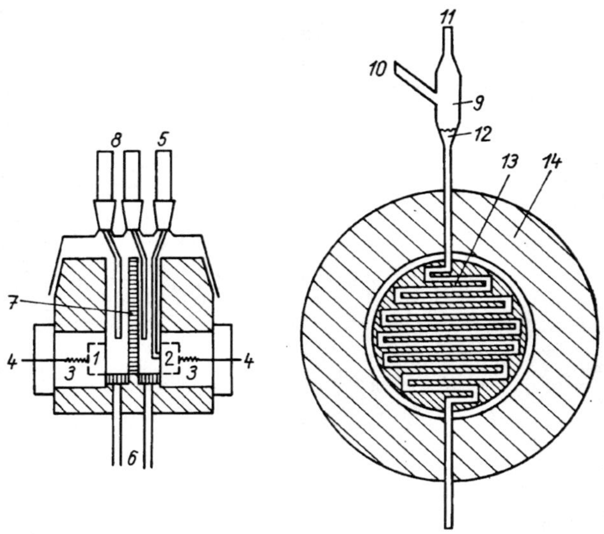

Abb. 2. Korrosionsmeßzelle (a) und Meßfenster (b)

1 – Gegenelektrode; 2 – Arbeitselektroden; 3 – Elektrodenmäntel; 4 – Kontakte; 5 – Lugginkapillare; 6 – Zuläufe; 7 – Fritte; 8 – Absaugkapillare; 9 – Trennräume; 10 – Einläufe; 11 – Gasableitungen; 12 – Flüssigkeitsniveaus; 13 – Meßfenster; 14 – Bleiabschirmungen

als auch der Katolyt werden aus der elektrochemischen Meßzelle mit einer weiteren Pumpe abgesaugt. Der Einsatz einer zweiten Pumpe zur Sicherung eines gleichmäßigen Durchflusses insbesondere unter den Bedingungen einer Gasentwicklung an der Elektrode ist günstig. Nach einer Abtrennung von durch Abplatzen von der Elektrode entstanden Mikroteilchen in einem mit Glaswolle gestopften Filterrohr ($d = 2$ mm) wird die Lösung durch ein mäanderförmiges Meßfenster (Abb. 2b) gepumpt. Mit einer direkt hinter dem Meßfenster befindlichen β-Szintilationssonde kann die Aktivität und damit die Korrosionsgeschwindigkeit gemessen und über den Impulsdichtemeßplatz 20160 und einen Kompensationsbandschreiber registriert werden.

Die elektrochemische Korrosionsmeßzelle ist in Abb. 2a dargestellt. Über die getrennten Zuläufe (6) gelangt der Elektrolyt in die durch eine Fritte (7) getrennten Anoden- und Katodenraum. Diese Fritte verhindert zuverlässig einen Austausch von Anolyt und Katolyt und somit eine Verfälschung der Korrosionsergebnisse durch eine mögliche Abscheidung eines Teils des durch Korrosion in Lösung gegangenen Iridiums an der Katode. Als Anode (2) und Katode (1) werden jeweils Scheiben mit einem Durchmesser von 8 mm verwendet, die in Teflon eingepreßt sind. Die Teflonkörper werden in Passungen der Zelle so eingeführt, daß die Elektroden exakt in der Ebene der Zellwandung liegen. Die senkrechte Stellung der Elektroden gewährleistet eine optimale Ablösung der Gasblasen und damit einen geringeren *Ohm*schen Spannungsabfall. Durch exaktes Einschleifen der *Luggin*kapillare konnte ein minimaler Abstand (< 1 mm) zur Arbeitselektrode erreicht werden, so daß bis zu hohen Stromdichten nur ein minimaler *Ohm*scher Fehler auftritt.

Die Zellkonstruktion gewährleistet, daß sowohl für den Anoden- als auch für den Katodenraum das mit Flüssigkeit gefüllte Zellvolumen auf 0,3 ml beschränkt werden konnte. Damit wird sowohl eine höhere Konzentration der Korrosionsprodukte und dadurch ein höheres Nachweisvermögen als bei größeren Zellvolumina als auch eine nur geringe Rückvermischung gesichert. Zur Gewährleistung eines gleichmäßigen Durchlaufs erfolgt das Absaugen der Lösung über die Absaugkapillaren (8) mit größerer Pumpgeschwindigkeit als beim Zulauf. Aus diesem Grunde und auf Grund der Gasentwicklung während der Elektrolyse wird ein Gas-Flüssigkeitsgemisch transportiert das vor dem Meßfenster (13) in einem trichterförmigen Trennraum (9) getrennt wird. Das als Meßfenster genutzte mäanderförmige Glasrohr ist in seinem Volumen der Meßzelle angepaßt und gewährleistet so gleichzeitig ein optimales Detektionsvermögen und eine nur geringe Rückvermischung. Da bei diesen Meßanordnungen eine geringe Aktivität in unmittelbarer Nähe der hochaktiven Elektrode gemessen werden muß, ist eine doppelte Bleiabschirmung notwendig, insbesondere bei energiereichen γ-Strahlern. Um eine Verfälschung der Korrosionsergebnisse durch Adsorption des Iridiums an der Apparatur zu verhindern, war es am effektivsten, dem Elektrolyten inaktives $IrCl_3$ bis zu einer Konzentration von 6×10^{-7} mol · l^{-1} zuzugeben. Damit konnte eine Adsorption des aktiven Iridiums ausreichend erniedrigt werden. Ein Einfluß dieses Zusatzes auf die Korrosionsergebnisse konnte ausgeschlossen werden.

Die vorgestellte Apparatur gestattete eine kontinuierliche automatische Aufnahme der Zeitabhängigkeit der Korrosion. Außerdem wird die gleichzeitige Aufnahme von Strom-Spannungs-Kurven und Korrosions-Spannungs-Kurven möglich. Gegenüber der punktweisen Aufnahme solcher Kurven kann somit ein beträchtlicher Informationszuwachs erreicht werden.

Ergebnisse

Für die Untersuchung kamen Elektroden zum Einsatz, die durch thermische Zersetzung von Iridiumsalzen auf einer Titanunterlage hergestellt wurden. Das für die Korrosionsmessung verwendete Isotop ^{192}Ir wurde durch Neutronenaktivierung der Elektrode bei $3-5 \cdot 10^{13}$ $\text{ncm}^{-2}\,\text{s}^{-1}$ im Verlauf von 90 Stunden im ZfK Rossendorf erzeugt. Ein nach einer Aktivierung von 10 h aufgenommenes γ-Spektrum (s. Abb. 3) zeigt, daß neben dem gewünschten Isotop auch die Isotope ^{194}Ir, ^{47}Sc, ^{48}Sc und ^{76}As gebildet werden, wobei die 3 letzten, wie aus einer unabhängigen

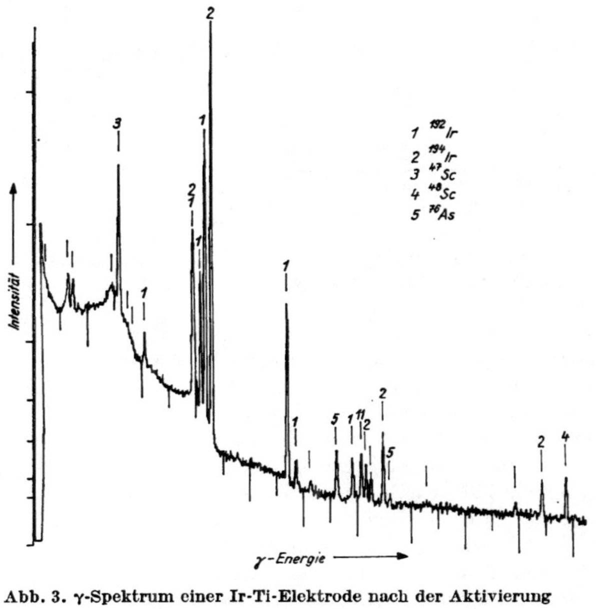

Abb. 3. γ-Spektrum einer Ir-Ti-Elektrode nach der Aktivierung

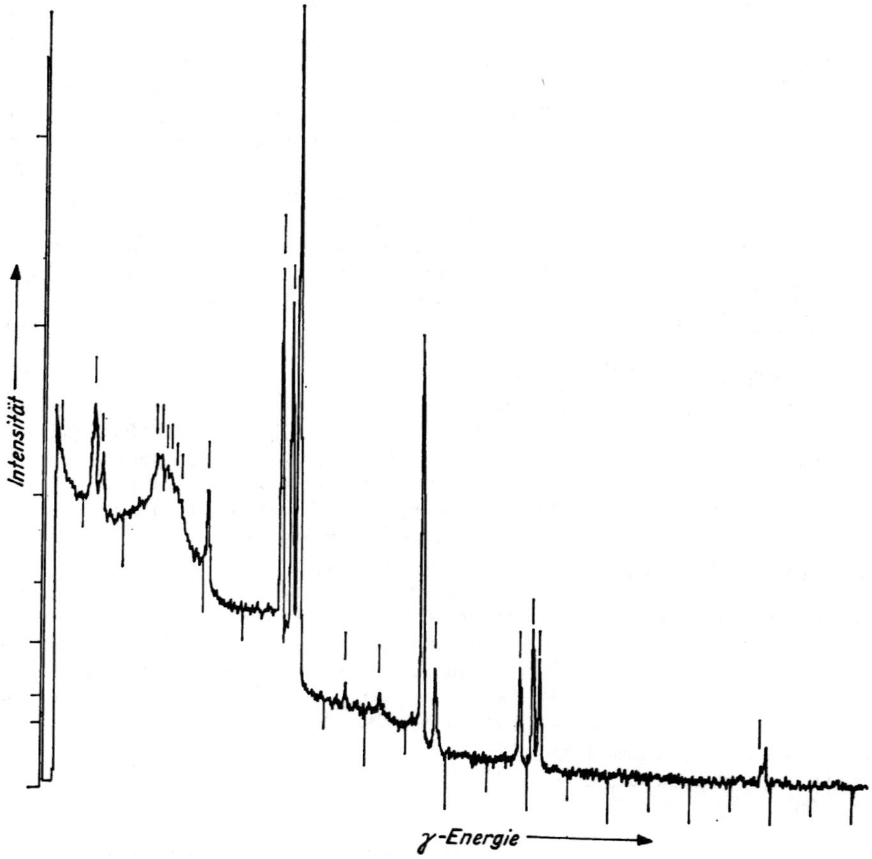

Abb. 4. γ-Spektrum der Elektrode von Abb. 1 nach 1 Monat

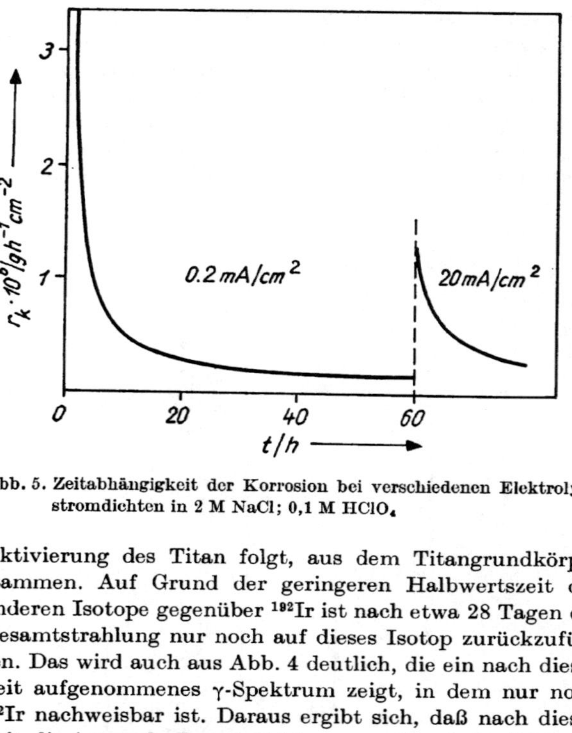

Abb. 5. Zeitabhängigkeit der Korrosion bei verschiedenen Elektrolysestromdichten in 2 M NaCl; 0,1 M $HClO_4$

Aktivierung des Titan folgt, aus dem Titangrundkörper stammen. Auf Grund der geringeren Halbwertszeit der anderen Isotope gegenüber ^{192}Ir ist nach etwa 28 Tagen die Gesamtstrahlung nur noch auf dieses Isotop zurückzuführen. Das wird auch aus Abb. 4 deutlich, die ein nach dieser Zeit aufgenommenes γ-Spektrum zeigt, in dem nur noch ^{192}Ir nachweisbar ist. Daraus ergibt sich, daß nach dieser Zeit die integrale Impulsdichte proportional der Iridiummenge ist und somit zur Messung der Korrosionsgeschwindigkeit benutzt werden kann. Die Korrosion der thermisch präparierten Iridiumelektrode tritt in zwei Formen auf: der elektrochemischen Auflösung der Elektrode und dem mechanischen Abplatzen von Mikroteilchen das z. B. durch Gasentwicklung in Vertiefungen bedingt sein kann.

Der Anteil dieser „mechanischen Korrosion" schwankt zwischen 10 und 50% und liegt im Durchschnitt bei 30%. In weiteren wird nur auf die elektrochemische Korrosion eingegangen.

Als typische Erscheinung der untersuchten Elektrode zeigte sich bei konstantem Gesamtstrom eine ständige Abnahme der Korrosionsgeschwindigkeit mit der Zeit (s. Abb. 5). Für Zeiten bis zu 60 Stunden konnte dabei kein konstanter Wert erreicht werden. Ein kurzzeitiger Anstieg und anschließender Abfall der Korrosion zeigte sich auch bei Unterbrechungen der Elektrolyse und bei Erhöhungen des Potentials bzw. der Stromdichte (s. Abb. 5). Da nach langen Zeiten keine Konstanz der Korrosionsgeschwindigkeit erreicht wird, ergeben sich Probleme für die Untersuchung der Abhängigkeit der Korrosion von den Elektrolyseparametern (Stromstärke, Potential, Chloridkonzentration, pH-Wert u. a.). Von großer Bedeutung ist dabei, daß für alle Bedingungen der gleiche Zeitpunkt der Messung eingehalten wird. Neben Langzeitmessungen, bei denen jeweils ein quasistationärer Wert nach 24 Stunden gemessen wurde (wodurch für Meßserien mehrere Wochen benötigt werden), wurden von uns Messungen durchgeführt, bei denen eine kontinuierliche Variation des Potentials erfolgte. Das ist etwa gleichbedeutend damit, daß zur Zeit $t = 0$ nach einer Potentialumschaltung die Geschwindigkeit der Korrosion registriert würde. Durch Anwendung der Apparatur für kontinuierliche Korrosionsmessungen konnte die Variante durch eine Potentialvariation mit

5 mV/min realisiert werden, wobei gleichzeitig die Strom-Spannungs- und die Korrosions-Spannungskurven registriert werden. Unter diesen Bedingungen konnte z.B. die vollständige Potentialabhängigkeit im Gebiet der Chlorentwicklung (1000—1250 mV/SCE) innerhalb von 50 Minuten untersucht werden. Auf diese Weise wird auch die Messung der Abhängigkeit der Korrosion von anderen Parametern (z.B. der Chloridkonzentration) in kurzen Zeiten möglich, und dadurch ist wiederum auch der Einfluß der zeitlichen Änderung gering. Ein Vergleich mit Langzeitmessungen bewies die Übertragbarkeit der Ergebnisse beider Methoden bezüglich der Abhängigkeit von einzelnen Parametern und mechanistischen Aussagen. Einige Ergebnisse dieser Potentialvariation sind in Abb. 6 für verschiedene Chloridkonzentrationen dargestellt. Wie ersichtlich, ergeben sich der Auftragung des Logarithmus der Korrosionsgeschwindigkeit gegen das Potential Geraden. Da die Korrosion auch als elektrochemischer Teilstrom aufgefaßt werden kann, ist eine Auswertung entsprechend der Tafelgleichung sinnvoll [8]. Für kleine Chloridkonzentrationen (s. z.B. 10^{-2} M NaCl) wurde eine geringe Korrosion gefunden, die steil mit dem Potential ansteigt (Tafelfaktor von $b = 60$ mV/dec). Bei höheren Konzentrationen (> 1 M) werden zunehmende Tafelfaktoren (> 120 mV/dec) gefunden.

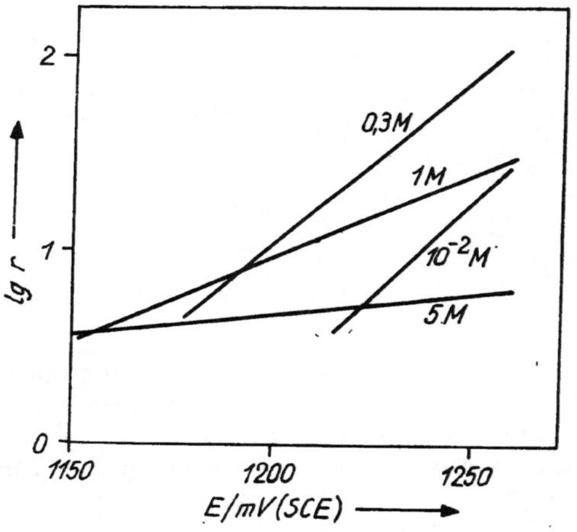

Abb. 6. Korrosions-Potential-Kurven für verschiedene Chloridkonzentrationen in logarithmischer Darstellung

Die Berechnung eines Durchtrittsfaktors α aus diesen Ergebnissen erscheint nicht sinnvoll, da die Korrosion offensichtlich als komplexer Mechanismus unter Einbeziehung der Oberflächenoxydation und der Chloridadsorption aufzufassen ist. Dies wird auch aus der in Abb. 7 dar-

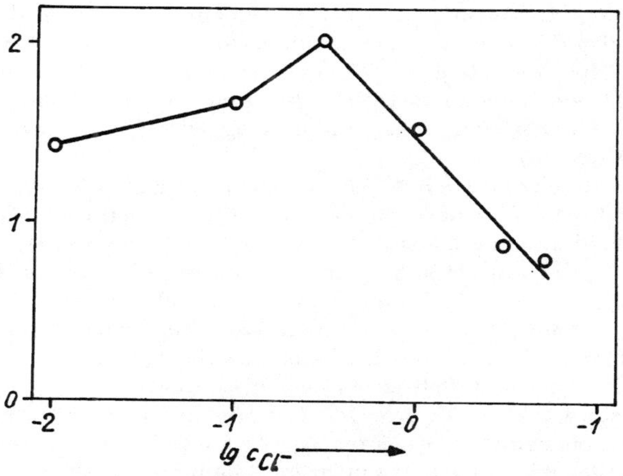

Abb. 7. Abhängigkeit der Korrosionsgeschwindigkeit von der Chloridkonzentration $E = 1{,}25$ V/SCE

gestellten Abhängigkeit der Korrosion von der Chloridkonzentration deutlich, in der sich für geringe Konzentrationen eine beschleunigende Wirkung der Chloridionen und für $C_{Cl^-} > 0{,}3$ M eine inhibierende Wirkung mit der Reaktionsanordnung $n = -1$ ergibt.

Die dargestellten Ergebnisse widerspiegeln einen komplizierten Mechanismus für die Wirkung der Chloridionen auf die Iridiumkorrosion. Darüber und über weitere Ergebnisse soll in einer späteren Veröffentlichung [9] berichtet werden.

Eingegangen am 26. 11. 1981

Literatur

[1] *J. Llopis*, Catalysis Rev. 2 (1969) 161

[2] *H. H. Uhlig*, Korrosion und Korrosionsschutz. Berlin: Akademie-Verlag 1975

[3] *B. Welz*, Atom-Absorptions-Spektroskopie. Weinheim-Bergstr.: Verlag Chemie 1976

[4] *R. T. Atanasoski, B. Z. Nikolić, M. M. Jaksić, A. R. Despić*, J. Appl. Elektrochem. 5 (1975) 155

[5] *J. Llopis, J. M. Gamboa, J. M. Alfayate*, Electrochim. acta 12 (1967) 57

[6] *W. W. Gorodetzkii, M. A. Dembrowskii, W. W. Locev*, Zh. priklad. Chimii 36 (1963) 1543

[7] *A. N. Chemodynov, Ja. M. Kolotyrkin, M. A. Dembrovsky*, Elektrochimia 6 (1970) 460

[8] *G. Kortüm*, Lehrbuch der Elektrochemie. Weinheim-Bergstr.: Verlag Chemie 1966

[9] *K.-H. Heckner, W. Moritz*, in Vorbereitung

Tagungsberichte

Bericht über die 14. Winterschule „Strahlenschutzphysik" vom 1. bis 5. März 1982 in Gaußig

Die vom Wissenschaftsbereich Strahlenschutzphysik der TU Dresden veranstaltete 14. Winterschule „Strahlenschutzphysik" fand vom 1. bis 5. März 1982 in Gaußig statt. Die Teilnehmer kamen aus der ČSSR, der UVR und aus 13 Institutionen der DDR. In 39 Vorträgen (Fortschritts- und Forschungsberichten), die in 5 Themenkomplexe gegliedert waren, wurden neue Forschungsergebnisse und Entwicklungstendenzen in der Strahlenschutzphysik vorgestellt.

Ein Themenkomplex beschäftigte sich mit modernen Tendenzen in der Strahlenschutzmeßtechnik. In drei Vorträgen wurde die Anwendung von Mikroprozessoren in der Strahlenschutzmeßtechnik behandelt (*G. Rösel, D. Zappe, Ch. Melde*). Von *G. Streubel* u. a. sowie *G. Pretzsch* und *B. Dörschel* wurde über neue Detektorprinzipien berichtet, die auf der Anwendung von MOS-Strukturen zum Neutronennachweis und von Elektretdetektoren auf der Basis von Polymeren zum Photonennachweis beruhen. Weitere Vorträge behandelten Festkörperstrahlungsdetektoren (Halbleiterdetektoren, Thermolumineszenzdetektoren, Festkörperspurdetektoren). Die abschließenden Vorträge dieses Themenkomplexes beschäftigten sich mit der Probennahme bei der Luftaktivitätsbestimmung (*S. Przyborowski, W. Ullmann*).

In einem zweiten Themenkomplex wurde über Fortschritte auf dem Gebiet der Dosimetrie in Neutronen-Gamma-Strahlungsfeldern, die Abschätzung von Dosisgrößen für Neutronenstrahlung (*A. Hrabovcova*), über die Gammadosimetrie in Reaktoren mit in-core-Detektoren (*K. Böhme*) sowie über Dosismessungen am Lehr- und Forschungsreaktor berichtet. Es wurden Dosimeter für schnelle Neutronen auf der Basis von elecktrochemisch geätzten Festkörperspurdetektore (*G. Streube, T. Uhlig*), sowie Ergebnisse der Dosimetrie in gemischten Neutronen-Gamma-Feldern mit Hilfe der optisch stimulierten Lumineszenz (*J. Fellinger* u. a.) vorgestellt. *V. Schuricht* gab eine zusammenfassende Wertung des 4. Neutronendosismetriesymposiums 1981 in Neuherberg (BRD).

Die Berechnung und experimentelle Untersuchung von Strahlungsfeldern stellte einen weiteren Themenkomplex dar, in dem moderne Schätzverfahren zur Berechnung von Punktneutronenflüssen mit der *Monte-Carlo*-Methode (*H.-U. Barz*), die Berechnung von Neutronenfeldern hinter dicken Eisen- und Betonabschirmungen (*B. Dörschel*) sowie Meßsysteme und experimentelle Strahlungsfelduntersuchungen an bestimmten Kern- und Bestrahlungsanlagen (*I. Dennstädt, K. Konschak, D. Nikodemova*, u. a.) behandelt wurden.

Weitere Themenkomplexe beschäftigten sich mit der Metrologie ionisierender Strahlung, allgemeinen Problemen des Strahlenschutzes an Kernanlagen sowie mit Meßgrößen und der Meßgenauigkeit im Strahlenschutz. Den Vorträgen „Die Bedeutung der Dosiemetrie für Strahlenschutzmedizin und Strahlenbiologie" (*W. Schüttmann*), „Meßgrößen im Strahlenschutz" (*B. Dörschel*), „Methodik zur Ableitung von Fehlergrenzen für Strahlenschutzmeßgeräte" (K.-H. *Weber*) und „Zur Interpretation von Orts- und Personendosimetern" (*A. Rimpler*) zum letzten Themenkomplex schloß sich eine Problemdiskussion an. In Auswertung internationaler Konferenzen wurden die neuen SI-Größen im Strahlenschutz und ihre praktische Anwendung diskutiert. Die Bedeutung der Dosiswirkungsbeziehung für den Strahlenschutz und deren Konsequenzen für die Messung physikalischer und „biologisch gewichteter" Größen wurden erörtert, insbesondere aus der Sicht der neuen Erkenntnisse über Langzeiteffekte bei den japanischen Atombombenopfern. Es wurde festgestellt, daß für zukünftige epidemiologische Untersuchungen zuverlässige Belastungsdaten unerläßlich sind. Bei den Fragen der Meßgenauigkeit wurde vor allem auf eine im Strahlenschutz angepaßte Meßgenauigkeit verwiesen sowie Lösungsansätze vorgestellt.

Die nächste Veranstaltung wird als 15. Symposium „Strahlenschutzphysik" vom 7. bis 11. März 1983 durchgeführt.

G. Streubel

Eingegangen am 21. April 1982

Informationen

IAEA. Mehr als 8% der Elektrizitätsproduktion der Welt entfallen gegenwärtig auf 272 Kernkraftwerke, und 238 weitere Anlagen sind im Bau. Bis 1985 werden mehr als 400 Kernkraftwerke rund 17% des auf der ganzen Welt erzeugten Stromes liefern. In einigen Ländern wie Belgien, Frankreich und Schweden beträgt der Anteil der Kernenergie an der Stromproduktion bereits mehr als 30% und wird bis 1985 auf 50% und mehr ansteigen. Auch die UdSSR hat angekündigt, daß ihre nukleare Kapazität von 13.000 MW(e) im Jahre 1980 bis 1985 auf 38.000 MW(e) angehoben wird.

Die im letzten Jahrzehnt in vielen Ländern entstandene Opposition gegen die Kernenergie war vielfach nicht technischer Art, sondern auf die Einstellung der Politiker und der Öffentlichkeit zurückzuführen. Auch die wirtschaftliche Rezession in vielen Ländern hat dazu beigetragen, daß es weniger dringend erschien, über einen weiteren Ausbau der Kernenergieprogramme zu entscheiden. Unabhängige Organe, wie die Weltenergiekonferenz, die alle drei Jahre tagt, haben wiederholt darauf hingewiesen, daß die Kernenergie nötig sein wird, um den künftigen Energiebedarf der Welt zu decken. Bei den langen Anlaufzeiten, die die Inbetriebnahme eines Kernkraftwerkes erfordert, kann es zu einer schwerwiegenden Stromknappheit kommen, wenn die Entscheidungen weiter hinausgeschoben werden.

Unter Bezugnahme auf diese Faktoren soll auf einer Konferenz über Erfahrungen mit der Kernenergie, die vom 13. bis 17. September 1982 in der Wiener Hofburg stattfindet, versucht werden, die Kernenergiegewinnung im industriellen Maßstab, ihre Zuverlässigkeit, Wirtschaftlichkeit und Sicherheit einer kritischen und konstruktiven Überprüfung zu unterziehen; darüber hinaus soll aus den bisherigen Erfahrungen die Lehre gezogen und ein Ausblick auf die Zunkunft gegeben werden.

Folgende sieben Themenkreise sind für die Konferenz vorgesehen:

- Planung und Entwicklung von Kernenergieprogrammen
- Technische und wirtschaftliche Erfahrungen mit der Kernenergiegewinnung
- der Kernbrennstoffkreislauf
- Nukleare Sicherheit
- Anlagen fortschrittlicher Bauart, z.B. der schnelle Brüter
- Internationale Sicherheitskontrolle
- Internationale Zusammenarbeit

Am Beginn der Konferenz stehen zwei grundlegende Referate, das erste, eine kritische Übersicht über die bisherige Entwicklung in der Welt, hält *M. Pecqueur*, Generaldirektor des französischen Commissariat à l' Energie atomique, das zweite, über künftige Möglichkeiten und die voraussichtliche Entwicklung, *A. Petrosjanz*, Vorsitzender des sowjetischen Staatlichen Ausschusses für die Nutzung der Atomenergie.

Es liegen bereits 223 weitere wissenschaftliche Beiträge von hervorragenden, vielfach weltbekannten Autoren aus 37 Ländern vor.

(IAEA – Pressemitteilung 1982)

Schweden. Die Produktion an elektrischem Strom betrug 1981 rund 100 Mia kWh mit einem Anteil der Kernkraftwerke von 36 Mia kWh, was 36% entspricht. Damit lag die

Stromproduktion der Kernkraftwerke um 9 Mia kWh höher als 1980. In Schweden standen 7 Reaktorblöcke während des ganzen Jahres 1981 in Betrieb, zwei weitere Einheiten nahmen im Verlauf des Jahres den Betrieb auf. Die jetzigen 9 Kernkraftanlagen haben eine Leistung von 6400 MW; 3 weitere Blöcke sind im Bau. — In der schwedischen Stromerzeugung nimmt nach wie vor die Wasserkraft mit 59% den ersten Platz ein, während die Öl- und kohlebefeuerten Kraftwerke auf 5% reduziert werden konnten. Schweden lag mit dem Anteil der Stromerzeugung durch Kernkraftwerke an 2. Stelle in der Welt nach Frankreich mit 37,7% und knapp vor Finnland mit 35,8%. (SVA – Bulletin 1982)

Spanien. Die 4 spanischen Kernkraftwerke José Cabrera, Santa Maria de Garona, Vandellos-1 und Almaraz-1 wiesen 1981 eine Stromproduktion von 9,57 Mia kWh auf, was einer Steigerung von 84,5% gegenüber 1980 entsprach. Der Anteil des Atomstroms betrug damit 8,6% (1980: 4,6%) der Gesamtstromproduktion. (SVA – Bulletin 1982)

Amersham. Die staatliche britische Amersham International Limited (auch bekannt als The Radiochemical Centre) soll demnächst an das allgemeine Publikum verkauft werden. Das Unternehmen arbeitet rentabel; so stiegen die Verkäufe 1981 um 17% auf 100 Mio $, wobei der Exportanteil 81% betrug. Der Gewinn stieg um 18% auf 11,6 Mio $. Nach Ansicht der verantwortlichen Manager von Amersham verdankt der Staatsbetrieb seine Erfolge, insbesondere auf medizinischen Gebiet, vor allem einer engen wissenschaftlichen Zusammenarbeit mit den meisten Pharma-Gesellschaften.

Würde die Fa. von einer dieser großen Gesellschaften übernommen werden, so bräche dieser wichtige Kontakt zu allen anderen maßgeblichen Gesellschaften ab, was dem Unternehmen abträglich wäre. Deshalb soll keiner der Käufer einen höheren Anteil als 15% erwerben dürfen. Das gegenwärtige Sortiment von Amersham umfaßt rund 2000 Artikel, und insgesamt beschäftigt Amersham rund 2000 Angestellte. Rund 8% vom Gewinn investiert Amersham in die Forschung und Entwicklung für neue Produkte.

(SVA – Bulletin 1982)

Amersham. Im Januar 1982 hat Amersham folgende neue Preislisten herausgegeben:

- Neutronenquellen
- Betaquellen
- Niederenergie-Photonenquellen
- Gammaquellen
- Gamma-Radiographie-Quellen
- *Mössbauer* Quellen und
- Laborquellen einschl. Demonstration Sets

(Firmenschrift Amersham)

Finnland. Die Produktion der vier finnischen Kernkraftwerke im Jahre 1981 betrug 13,971 Mia kWh; der Anteil der Kernkraftwerke an der finnischen Stromproduktion betrug insgesamt 35,8%, noch im Jahr 1980 wurden zum Vergleich nur 17,1% der finnischen Stromproduktion bestritten. Der Anteil der Produktion der Wasserkraftwerke betrug 1981 insgesamt 34,4%, womit der Anteil der Kernenergie zum ersten Mal den Anteil der Wasserkraftenergie überschritt. (Nuclear Europe, Februar 1982)

Belgien. Im Jahr 1981 betrug die Elektrizitätserzeugung im Kernkraftwerk Doel und der belgische Anteil an anderen Kernkraftwerken insgesamt 9908 Mio kWh, das sind 2,3% mehr als 1980 und entspricht einem Anteil der Kernenergie an der Stromerzeugung für 1981 von 21,6% (1980 19,9%). Durch diesen höheren Anteil konnten in Ölkraftwerken 2,25 Mio t Öl eingespart werden.

(Nuclear Europe, Februar 1982)

Italien. Die Bauarbeiten an einer Anlage für die Strahlenkonservierung von Kartoffeln und anderen landwirtschaftlichen Produkten sind in S. Benedetto dei Marsi (Avezzano) für die Ente di Sviluppe Agricolo Regionale Abruzzo im Gange. Die Strahlenquelle wird von der Fa. Gammaton geliefert, und bis Mitte 1983 dürfte die Anlage mit einer Verarbeitungskapazität von 25000 t Kartoffeln pro Jahr fertiggestellt sein. (nach SVA-Bulletin)

IAEA. Im Februar 1982 fand die erste Tagung des Gouverneursrates der IAEO statt, seitdem im Dezember der neue Generaldirektor, Dr. *Hans Blix*, sein Amt angetreten hat. Aus diesem Anlaß erläuterte Dr. *Blix* dem Gouverneursrat seine Ansichten zu den derzeitigen Problemen und den Zukunftsaussichten der Sicherheitskontrolle der IAEO und zu den internationalen Maßnahmen gegen eine Weiterverbreitung von Atomwaffen. Obwohl er jede konstruktive Kritik begrüßte, wies er darauf hin, daß das Sicherheitssystem der IAEO gelegentlich mißverstanden werde und als Bestandteil eines größeren Systems zur Verhinderung der atomaren Aufrüstung zu sehen sei. Es stelle eine Dienstleistung für jene Staaten dar, die durch eine glaubwürdige Sicherheitskontrolle zu beweisen wünschen, daß sie die Verpflichtungen einhalten, die sie in bezug auf die Nichtverbreitung von Kernwaffen eingegangen sind. Größere Bedeutung hätte es, wenn die Regierungen regional und international bestrebt wären, eine Atmosphäre zu schaffen, in der sich kein Staat gezwungen sieht, den Besitz von Kernwaffen anzustreben. Ebenso wichtig sei es, daß die Bestimmungen des Atomsperrvertrages bezüglich der Weitergabe der Technologie für die friedliche Nutzung der Kernenergie, z.B. über das Programm technischer Zusammenarbeit der IAEO, sowie die Verpflichtung der Kernwaffenstaaten, sich um eine Kontrolle der Kernwaffen und um die Abrüstung zu bemühen, eingehalten werden. (IAEA-Informaion)

IAEA. Der Unfall von Three Mile Island hat gezeigt, daß keine drastische Änderung der Sicherheitsbestimmungen oder der Sicherheitseinrichtungen an Kernkraftwerken nötig ist, aber auch, daß ein größerer nuklearer Störfall beträchtliche Mittel erfordert. Vorherige Vereinbarungen und festgelegte Verfahren für rechtzeitige wirkungsvolle Hilfe sind von höchster Bedeutung, wenn es gilt, mit den Folgen eines nuklearen Unfalls fertig zu werden. Wesentlich ist selbstverständlich die Planung der einzelnen Staaten, aber auch bilaterale oder multilaterale Abkommen über gegenseitige Hilfeleistungen können von Bedeutung sein. Das erweiterte Programm der IAEO für nukleare Sicherheit kann wesentlich zur Entwicklung von Sicherheitsnormen beitragen und die internationale Zusammenarbeit durch den Informationsaustausch über Betriebserfahrungen fördern.

Am 24. Februar 1982 nahm der Gouverneursrat der IAEO den gemeinsam unterbreiteten Vorschlag der Niederlande, Schwedens und der Vereinigten Staaten an, eine Expertengruppe zu berufen, die untersuchen soll, auf welche Weise die erforderlichen Voraussetzungen für eine gegenseitige Notfallshilfe bei nuklearen Unfällen am besten zu schaffen sind und wie eine internationale Zusammenarbeit im Bereich der nuklearen Sicherheit zu erleichtern wäre. Gegenwärtig gibt es noch keinen weltweiten Vertrag über nukleare Notfallshilfe, und die Expertengruppe soll auch die Möglichkeit, einen solchen Vertrag auszuarbeiten, erörtern.

(IAEA-Information)

Buchbesprechungen

Atomic Masses and Fundamental Constants 6

J. A. Nolen, Jr., and W. Benenson (Hrsg.). New York: Plenum Press 1980. 572 S., zahlreiche Abb. u. Tab.; gebunden $ 59.50

Es handelt sich um die Sitzungsberichte der 6. Internationalen Konferenz über Atommassen (18. bis 21. Sept. 1979 in East Lansing, Michigan, USA). Diese Konferenzen („AMCO") finden weltweit seit Ende der fünfziger Jahre statt und expandierten zunehmend in Richtung der allgemeinen Naturkonstanten. Mit der 6. AMCO wurde der Versuch einer Rückführung auf die Thematik der Atommassen unternommen, d. h., die Grundkonstanten wurden nur noch in einer von sieben Sektionen insoweit behandelt, als sie in direktem Zusammenhang mit Atommassen stehen. Die übrigen Sektionen betrafen: Studien an Isotopen, die durch Kernreaktionen erzeugt wurden; direkte Messung von Massen; Studien von Isotopen mit On-Line-Trennern; Theorie der Atommassen (zwei Sektionen!) sowie zusammenfassende Darstellungen von Entwicklungslinien des Fachgebiets.

Die Brauchbarkeit vieler semi-empirischer Massenformeln entwickelt sich augenscheinlich zu einem in naher Zukunft gelegenen Sättigungspunkt, an dem weder eine verbesserte Anpassung ihrer teilweise über 100 Parameter an ständig erzeugte neue experimentelle Daten noch eine weitere Zunahme der Parameteranzahl wesentliche Verbesserungen bringen. Um so erfreulicher ist die Tatsache, daß mikroskopische Modelle im Begriff sind, eine solche theoretische Vorhersagekraft zu erlangen, die an diejenige der halbempirischen Näherungen heranreicht. Ein besonderes Problem stellen dabei die Schalenkorrektionen dar, die aber z.B. unter Verwendung der sog. *Woods-Saxon*-Einzelteilchenniveaus (Vortrag *W. Freudenreich* et al., Darmstadt) erfolgreich behandelbar sind. Auch die Schwierigkeiten der Beschreibung der Grundzustands-Schalenkorrektionen von ^{208}Pb als doppelt magischem Kern und seiner Nachbarschaft läßt sich erstmalig durch eine begründete Modifikation der „Schalenstärke" beheben (Vortrag *K. H. Schmidt* et al., Darmstadt).

Über die Energietönung bei Kernrekationen angeschlossene höchst interessante spektroskopische Arbeiten betreffen Gamma- und Röntgen-Eichlinien. Sinnreiche Interferometer schließen Quantenstrahlung bis über 1 MeV an die optische Spektrometrie an und gewährleisten z.B. für die 411-keV-Strahlung des ^{198}Au eine Energiekenntnis bis auf geringe Bruchteile eines eV (Vortrag *R. D. Deslattes* et al., Washington). Für Praktiker der Beschleunigeranwendung ist sicher eine neue Nullmethode der Absolutbestimmung von Strahlenenergien interessant, die auf einem mittels Magnetspektrographen vorgenommenen Impulsabgleich der Strahlteilchen mit solchen Ionen beruht, die im Prinzip mit einer Standardspannung beschleunigt wurden. Die bekannte ^{27}Al(p, γ)-Resonanz und andere Resonanzen bzw. Schwellenergien konnten sodann nachgemessen werden (Vortrag *P. H. Barker* et al., Auckland).

In der abschließenden und die vorangegangenen über 50 Einzelvorträge zusammenfassenden Sektion wurde festgestellt, daß sich das Forschungsgebiet in einer sehr fruchtbaren Periode befindet und die experimentelle Technik vielfach an die Grenzen der Gültigkeit bestimmter theoretischer Ausdrücke — z.B. der Quantenelektrodynamik — heranrückt.

Jeder Physiker, der auf atomphysikalischem oder auf kernphysikalischem Gebiet arbeitet, wird den Band als überaus anregend empfinden, denn er hat die wirklichen Grundlagen seines Arbeitsgebiets zum Gegenstand.

G. Brunner

Dosimetrie ionisierender Strahlung

W. Stolz und R. Bernhardt. Berlin: Akademie-Verlag 1981; (Wissenschschaftliche Taschenbücher Bd. 273) 153 S., 32 Abb., 12 Tab.; kart. M 8.—

In dem Taschenbuch erläutern die Autoren die Aufgaben der Dosimetrie ionisierender Strahlung und beschreiben die Strahlungsfeld- und Dosisgrößen sowie deren Einheiten. Da gerade in den letzten Jahren diese Größen und Einheiten neu formuliert wurden, bietet das Buch Studierenden sowie in der Praxis und Forschung tätigen Naturwissenschaftlern, Technikern und Radiologen eine vorzügliche Möglichkeit, sich mit den neuen Bedingungen vertraut zu machen bzw. sich diesen anzupassen. Allerdings entspricht die in dem Buch verwendete Größe „Expositionsdosis" nicht dem DDR-Standard, da laut TGL 31548 der Begriff „Exposition" anzuwenden ist.

Das Buch vermittelt dem Leser in einer geschlossenen Darstellung die Grundlagen der Theorie des Strahlungsfeldes, aus denen heraus die Autoren die prinzipiellen Methoden und Meßtechniken der Dosimetrie entwickeln. Leider wurden die Möglichkeiten zur Dosis- und Dosisleistungsberechnung nur in gedrungener Form dargelegt. Hier hätten für Strahlenschutzfachkräfte und Dosimetristen mehr Informationen zur praktischen Durchführung von Abschirmberechnungen gegeben werden können.

Die Aufgaben und Mittel der praktischen Dosimetrie im Strahlenschutz, in der klinischen Diagnostik und Therapie, in der Strahlenbiologie und der Strahlentechnik sowie zur Umgebungsdosimetrie werden in dem Buch in einer kurzen Übersicht allgemeinverständlich vorgestellt. Die dazu zitierte Literatur gibt Hinweise, wo umfassendere Informationen zur Lösung spezieller Aufgaben zu finden sind.

H. W. Schulze

Isotopenpraxis 18 (1982) H. 9, S. 342 bis 345
7 Abb., – Tab., 9 Lit.

Eine neue Strömungsanordnung für radiochemische Spurenkorrosionsmessungen wird vorgestellt und in ihrer Funktionsweise erläutert. Mit dieser Apparatur wird die gleichzeitige, kontinuierliche Aufnahme von Strom-Spannungs- und Korrosionsspannungskurven ermöglicht. Die Untersuchungen erfolgten an thermisch präparierten Iridiumelektroden auf Titanunterlage unter Verwendung des Isotops ^{192}Ir, das durch Neutronenaktivierung der Elektrode erhalten wurde.
Die Korrosion nimmt monoton mit der Zeit ab und steigt mit zunehmender anodischer Polarisation der Elektrode an. Die Korrosionsspannungskurven werden für verschiedene Chloridkonzentrationen gemessen, wobei eine Veränderung der Anstiege und ein Maximum der Korrosion bei 0,3 M NaCl gefunden wurde.

Isotopenpraxis 18 (1982) No. 9, p. 342 to 345
7 Fig., – Tab., 9 Ref..

A new flow equipment for the radiochemical investigation of corrosion is represented and explained in this function. With help of this equipment the simultaneous and continuous registration of current-potential-curves of a electrochemical process and corrosion potential-curves of the anode materials is possible.
The corrosion of thermal preparated Iridium coated Titan electrodes was investigated. The isotop ^{192}Ir was generated by neutron activation of the electrode. The corrosion decreased with time and increased with anodic potential. The corrosion-potential-curves were investigated for different chloride concentrations. Different slopes of these curves and a maximum of corrosion for 0.3 M NaCl were found.

Tagungsberichte

Isotopenpraxis 18 (1982) H. 9, S. 345 – 346

Informationen

Isotopenpraxis 18 (1982) H. 9, S. 346 – 348

Buchbesprechungen

Isotopenpraxis 18 (1982) H. 9, S. 348

Meetings

Isotopenpraxis 18 (1982) No. 9, p. 345 – 346

Information

Isotopenpraxis 18 (1982) No. 9, p. 346 – 348

New Books

Isotopenpraxis 18 (1982) No. 9, p. 348

Contents of this Issue

Articles

FSC
www.fsc.org
MIX
Papier | Fördert gute Waldnutzung
FSC® C083411

Zeitfracht Medien GmbH
Ferdinand-Jühlke-Straße 7
99095 Erfurt, Deutschland
produktsicherheit@kolibri360.de